電子情報通信産業
─データからトレンドを探る─

Information and Communications Industry

林　紘一郎著

社団法人 電子情報通信学会編

まえがき

　私は共著を含めれば，既に10冊以上の本を出しているが，この本ほど難産だったことはない．もともと「情報通信産業」というネーミング自体，私の発明だと自負している（1984年発行の『インフォミュニケーションの時代』の副題が「情報通信産業論の試み」である）ほどだから，これに関する本を書きたいという気持ちは，ずっと持ちつづけていた．

　しかもNTTの民営化と，電気通信市場の自由化が行われた1984年を契機として，私は幾つかの大学でほぼ同名の特別講義を担当することになった．サラリーマンの傍ら大学の講義を行う者にとって，教科書をまとめておくことは必須の作業であった．そこでNTTで職場を同じくしていた資宗克行氏と共同で，400字にして300枚ほどの原稿にまとめたのは，1985年の秋ごろだったかと思う．

　しかし，その原稿は陽の目を見ることはなかった．理由の半分は私が原稿の中身に不満であり，かつ「情報通信産業」という響きの良いネーミングが，あまりに普遍化することによって，かえって当初の清々しさを失ってしまったように感じたからである．しかし理由の他の半分は（こちらのほうがより重要だが），当時ネットワークというキーワードが登場して，この解明なくして情報の問題そのものが解けないように思えたからである．私はできればまず「ネットワーク」を集中的に分析し，しかる後に「情報」の問題に取り組んで，望むらくは将来「情報ネットワーク産業」というタイトルの本を書くことに心を決めた．

　この回り道はある程度成功し，1989年に私は『ネットワーキングの経済学』を上梓し，1998年にはその改定版ともいうべき『ネットワーキング—情報社会の経済学』を世に問うた．そして幸い前者により経済学博士号をいただい

たこともあって，この両著の間に私はサラリーマンから学者専業に転じていた．

専業の学者になってからの私の問題関心は，当初の目論見どおりネットワークから情報へと，そして分析の手法も経済学中心のものから，法学の視点も取り入れたものへと（そしてできれば「法と経済学」の方法論へと）シフトしつつあった．このような緩やかな変化の渦中にあった2000年11月に，偶然にも電子情報通信学会からご依頼があり，新しい「図解　電子情報通信レクチャーシリーズ」の1冊として「電子情報通信産業論」執筆のお誘いをいただいた．私は一も二もなく，お引き受けすることにした．

しかし，1984年から数えれば15年以上もの間，このテーマの本の出版を夢見てきた私の思いは，このシリーズの企画をされた先生方にとっては，あまりに意識過剰だったようである．他の執筆者が淡々と述べるところを，私の原稿には感情が移入され，また基礎知識を付与すべき教科書に，時としてかなり高度な情報を盛り込んでしまったらしい．委員の方々には，申し訳なく思っている．

ところが出版委員会の結論は，思いがけなく心温かいものだった．つまり原稿はシリーズ用としてはボツだが，熱心に書いてあるので単独の本として出版してはどうか，というものであった．その際『電子情報通信産業論』という同じタイトルは駄目だが，近似のものなら認めようとさえ言ってくださった．

しかし，それから先も大変だった．電子情報通信学会発行の書物には，独特の用語法や図表の描き方があることは，シリーズの執筆要領からある程度は理解しているつもりだった．ところが初校として戻ってきたゲラを見ると，社会科学の書物としては全く考えられないような描画法・引用法などで満ち溢れ，校正に手が付けられないほど力が抜けてしまった．そのうち幾つかの点は学会から特認をいただき，また通常の著者校正は多くても2回のところ，実質3回も見なおすことによって，この15年余の作業はやっと終わりに近づきつつある．

しかし本当の終わりは，最後までやって来ないのかもしれない．なぜなら，本書が分析の対象とする電子情報通信産業は，成長期にあるため変転目まぐ

まえがき

るしい産業である．ここで分析した事柄は，なるべく数年間は妥当するであろうものに限ったが，それでもなお，生き物であるビジネスの方は，予期せざる急展開をする可能性がある．読者はこの間の事情を，お含みおきいただきたい．とりわけ陳腐化の危険にあるのが，データ類である．収録されたデータは，一部校正時点で追加・修正したものを除き，原則として本稿脱稿時点，すなわち2001年7月末現在のものである．

このような次第だから，以下の方々に対する謝辞は，通常の場合の数倍にも匹敵するものとお考えいただきたい．まず実質的な共著者とも呼ぶべき資宗氏には，かつての原稿をそのまま使わせていただいた部分が多々あることに，心からお礼申し上げる．また「データからトレンドを探る」という副題を生かすため，各種資料から「良いとこ取り」で多数引用させていただいている．これらの引用を許諾してくださった方々に感謝するとともに，年号を西暦に統一するなど，最低限の修正を加えたことをお許しいただきたい．

電子情報通信学会の出版委員会とりわけ委員長の辻井重男先生と出版事業部には，上記のような特段のご配慮に深謝したい．製作担当の（株）エヌ・ピー・エスの尾上雅子さんには，校正の段階で私のわがままに付き合っていただいた．また私の秘書の高橋里香さんには，煩雑な校正作業を何度も繰り返していただいた．ご両者に，ご苦労様と申し上げる．また，DSE戦略マーケティング研究所の根本昌彦氏と下斗米朝子さん，慶應義塾大学で私のゼミ生の上野裕史君には，資料の収集と分析に関してお世話になったことを，お礼申し上げる．

2002年3月

林　紘一郎

目　　次

第1章　「電子情報通信産業」の定義

1.1　情報産業 …………………………………………………………………1
   1.1.1　フリッツ・マッハルプの『知識産業』(Machlup[1967]) …………2
   1.1.2　マーク・ポラトによる情報産業の定義(Porato[1977]) …………2
   1.1.3　ポラトの方法論を使った各種の研究結果 ……………………………3
   1.1.4　我が国の各種審議会における定義 ……………………………………4
   1.1.5　小松崎の定義 ……………………………………………………………7
1.2　情報通信産業 ……………………………………………………………8
   1.2.1　私の定義 …………………………………………………………………8
   1.2.2　旧郵政省の定義 …………………………………………………………9
1.3　電子情報通信産業 ………………………………………………………11
本章のまとめ …………………………………………………………………12
理解度の確認 …………………………………………………………………12

第2章　産業の発展と産業分類

2.1　電子情報通信産業及び関連産業 ………………………………………13
   2.1.1　1999年度データによる産業の状況 …………………………………14
   2.1.2　1981年度データによる産業の状況 …………………………………15
   2.1.3　両図の比較から得られる知見 ………………………………………15
2.2　産業の発展 ………………………………………………………………18
   2.2.1　1981年から99年までの成長 …………………………………………18
   2.2.2　日本経済の中の電子情報通信産業 …………………………………19
   2.2.3　産業の活力 ……………………………………………………………21
2.3　産業分類における位置づけ ……………………………………………23
本章のまとめ …………………………………………………………………27

理解度の確認 …………………………………………………………………27

第3章　電気通信事業（1）　市場と事業者の動向

3.1　市場のマクロ的捉え方 ……………………………………………………28
　3.1.1　固定通信と移動通信 …………………………………………………28
　3.1.2　電話系対データ系（インターネット）……………………………29
　3.1.3　NTT対NCC ……………………………………………………………30
3.2　事業者の状況 …………………………………………………………………33
　3.2.1　電気通信産業と法規制 ………………………………………………33
　3.2.2　新規参入者などの推移 ………………………………………………34
　3.2.3　第1種電気通信事業者 ………………………………………………35
　3.2.4　第2種電気通信事業者 ………………………………………………36
本章のまとめ ……………………………………………………………………38
理解度の確認 ……………………………………………………………………38

第4章　電気通信事業（2）　サービス・料金の動向と利用状況

4.1　サービスの分類 ………………………………………………………………40
　4.1.1　サービスの種類と歴史 ………………………………………………40
　4.1.2　NTTにおける主力サービスの変化 …………………………………41
　4.1.3　NTTにおけるサービス別収支状況 …………………………………43
4.2　料金の（値下げ）状況 ……………………………………………………44
　4.2.1　国内・国際電気通信料金（固定電話）……………………………44
　4.2.2　移動通信料金 …………………………………………………………45
4.3　通信（トラヒック）の動向 ………………………………………………49
　4.3.1　メディア間相互通信状況 ……………………………………………50
　4.3.2　固定電話の利用状況 …………………………………………………50
　4.3.3　時間帯別通信回数と通信時間 ………………………………………50
　4.3.4　通信圏 …………………………………………………………………53
本章のまとめ ……………………………………………………………………54
理解度の確認 ……………………………………………………………………55

第5章　インターネット関連事業

5.1　インターネットの歴史と成長 ……………………………………56
   5.1.1　インターネット略年史 ………………………………………57
   5.1.2　インターネットの急成長 ……………………………………57
   5.1.3　我が国におけるインターネット利用者 ……………………59
5.2　インターネットの利用形態 ………………………………………61
   5.2.1　端末別に見た個人のインターネット利用形態 ……………61
   5.2.2　アクセスネットワーク ………………………………………61
   5.2.3　ISP（Internet Service Provider）…………………………63
5.3　バックボーンネットワークやドメイン数など …………………63
   5.3.1　バックボーンネットワーク …………………………………63
   5.3.2　割当てドメイン数 ……………………………………………65
   5.3.3　WWWサーバやコンテンツ …………………………………65
5.4　インターネット利用料金 …………………………………………66
本章のまとめ ………………………………………………………………68
理解度の確認 ………………………………………………………………69

第6章　放送事業（1）　市場と事業者の動向

6.1　市場のマクロ的捉え方 ……………………………………………70
   6.1.1　マスメディアと収入源 ………………………………………70
   6.1.2　マスメディア産業の市場規模 ………………………………71
   6.1.3　広告費のゆくえ ………………………………………………71
   6.1.4　家庭電化と放送事業 …………………………………………74
6.2　放送事業の態様 ……………………………………………………75
   6.2.1　放送事業者数 …………………………………………………75
   6.2.2　市場規模と事業態様別動向 …………………………………75
   6.2.3　民放対NHK …………………………………………………76
   6.2.4　テレビ対ラジオ ………………………………………………76
6.3　民放のネットワークと経営格差 …………………………………77

6.3.1　民放各社と新聞社 …………………………………………77
6.3.2　民間テレビ放送局ネットワーク …………………………78
6.3.3　キー局と地方局の収益格差 ………………………………78
6.3.4　キー局の経営指標 …………………………………………78
本章のまとめ ……………………………………………………………81
理解度の確認 ……………………………………………………………82

第7章　放送事業（2）　サービスと利用状況

7.1　放送サービス ……………………………………………………83
　7.1.1　放送サービスの分類と歴史 ………………………………83
　7.1.2　地上波テレビ（民放） ……………………………………83
　7.1.3　地上波民放のジャンル別放送時間 ………………………84
　7.1.4　NHKの契約数・ジャンル別放送時間 …………………84
7.2　テレビ広告 ………………………………………………………86
　7.2.1　テレビ広告費 ………………………………………………87
　7.2.2　テレビCM …………………………………………………89
7.3　番組制作 …………………………………………………………89
7.4　テレビ視聴率 ……………………………………………………91
　7.4.1　時間帯別各局別視聴率 ……………………………………91
　7.4.2　番組ジャンル別視聴率 ……………………………………91
本章のまとめ ……………………………………………………………93
理解度の確認 ……………………………………………………………94

第8章　CATV事業・衛星関連事業

8.1　CATV事業 ………………………………………………………95
　8.1.1　施設数と契約者数 …………………………………………95
　8.1.2　売上高・経営状況 …………………………………………97
　8.1.3　自主放送 ……………………………………………………98
　8.1.4　インターネットサービス …………………………………98
8.2　衛星関連事業 ……………………………………………………100

	8.2.1	サービスと契約の状況 …………………………………………………………	100
	8.2.2	経 営 状 況 ………………………………………………………………………	102
	8.2.3	衛星インターネット ………………………………………………………………	102

本章のまとめ …………………………………………………………………………… 103
理解度の確認 …………………………………………………………………………… 104

第9章　情報サービス事業

9.1　情報サービス事業と電子情報通信産業 ……………………………………… 105
　9.1.1　概念枠組み ………………………………………………………………… 105
　9.1.2　電子情報通信産業としての情報サービス事業 ……………………… 106
9.2　情報サービス事業全体 …………………………………………………………… 107
　9.2.1　売上高の推移 ……………………………………………………………… 107
　9.2.2　業務内容別売上高 ………………………………………………………… 107
　9.2.3　事業所数・従業員数の推移 ……………………………………………… 108
　9.2.4　職種別従業員数 …………………………………………………………… 108
　9.2.5　地域別事業所数・従業員数・年間売上高 …………………………… 108
9.3　電子商取引（e-commerce）…………………………………………………… 110
　9.3.1　電子商取引の分類 ………………………………………………………… 110
　9.3.2　市 場 規 模 ………………………………………………………………… 111
　9.3.3　B to C の業種別利用例 ………………………………………………… 112
9.4　社会全体のディジタル化 ……………………………………………………… 113
　9.4.1　社会の情報化 ……………………………………………………………… 113
　9.4.2　生活の情報化指標 ………………………………………………………… 113
本章のまとめ …………………………………………………………………………… 116
理解度の確認 …………………………………………………………………………… 116

第10章　情報機器保有状況，予算と時間

10.1　情報機器保有状況 ……………………………………………………………… 117
　10.1.1　情報機器保有状況 ……………………………………………………… 117
　10.1.2　オフィスにおけるLANなどの利用状況 ………………………… 119

10.2 情報関連支出（予算の制約）……………………………………120
　10.2.1 家計支出に占める情報支出 ……………………………120
　10.2.2 企業における情報化投資 ………………………………122
10.3 電子情報通信メディア接触時間 ………………………………125
　10.3.1 自由時間の増加 …………………………………………125
　10.3.2 NHKの「国民生活時間調査」 …………………………125
　10.3.3 総務省の「社会生活基本調査」 ………………………127
本章のまとめ ……………………………………………………………129
理解度の確認 ……………………………………………………………130

第11章 ディジタル化と産業融合

11.1 ディジタル化の進展 ……………………………………………131
　11.1.1 通信ネットワークのディジタル化 ……………………131
　11.1.2 放送・CATVのディジタル化（概要）…………………132
　11.1.3 デバイスのディジタル化 ………………………………133
11.2 放送のディジタル化の詳細 ……………………………………135
　11.2.1 政府主導のディジタル化 ………………………………135
　11.2.2 BSディジタル放送 ………………………………………136
　11.2.3 東経110度衛星によるCSディジタル …………………136
　11.2.4 地上放送ディジタル化計画 ……………………………137
　11.2.5 放送政策全般の見直し …………………………………137
11.3 電子メディアソフトの誕生 ……………………………………139
　11.3.1 従来のメディアの分類とソフトの対応 ………………139
　11.3.2 ワンソース・マルチユース ……………………………140
　11.3.3 2次利用の市場規模 ……………………………………140
本章のまとめ ……………………………………………………………142
理解度の確認 ……………………………………………………………142

第12章 産業融合に伴う諸問題

12.1 融合の諸相と産業融合 …………………………………………143

  12.1.1 通信と放送の融合の4つのケース …………………………143
  12.1.2 電子情報通信産業の誕生 …………………………………144
  12.1.3 電子ネットワーク産業 ……………………………………144
 12.2 法体系の融合 ………………………………………………………146
  12.2.1 電子情報通信産業と法規制 ………………………………146
  12.2.2 現行法の分類 ………………………………………………147
  12.2.3 法体系の変遷 ………………………………………………150
 12.3 解決すべき制度上の課題 …………………………………………150
  12.3.1 通信と放送の融合法の検討 ………………………………150
  12.3.2 融合法に関する私の試案 …………………………………152
  12.3.3 著作権の取扱い ……………………………………………154
  12.3.4 ISPの責任 …………………………………………………154
本章のまとめ ………………………………………………………………156
理解度の確認 ………………………………………………………………156

第13章　ブロードバンド時代へ

 13.1 ブロードバンドネットワークの実現 ……………………………157
  13.1.1 e-Japan計画 …………………………………………………157
  13.1.2 ブロードバンドネットワーク ……………………………158
  13.1.3 時間とコストの急速な低下 ………………………………158
  13.1.4 アクセス系の技術とFTTHなど …………………………160
 13.2 ブロードバンド時代の市場構造 …………………………………161
  13.2.1 ネットワークやデバイスの視点 …………………………161
  13.2.2 コンテンツプロバイダの視点 ……………………………163
  13.2.3 ナローバンド市場構造との違い …………………………165
本章のまとめ ………………………………………………………………168
理解度の確認 ………………………………………………………………168

引用文献一覧 ………………………………………………………………169
索　　　引 …………………………………………………………………173

第1章

「電子情報通信産業」の定義

　電子情報通信学会の会員，あるいは本書の読者にとっては，「電子情報通信産業とは何か？」は自明のことかもしれない．しかし，自然科学と違って社会・人文科学系の用語は，人によって使い方がまちまちである場合が多い．

　「電子情報通信産業」は，コンピュータ技術の発展とディジタル化によって，近年急速に発展した分野である．したがって産業自体が日々変化していることもあって，その内包と外延を明確に定義することは難しい．世間で行われている定義は，それぞれの目的に沿った形で広狭さまざまである．

　そこで本章ではまず，この用語の定義から始める．

1.1 情報産業

　本節では，まず「電子情報通信産業」よりも広い集合である「情報産業」の定義を試みる．この論議は，コンピュータが商用化されて間もない1960年初頭にアメリカで始まり，今日まで続いている．

1.1.1 フリッツ・マッハルプの『知識産業』(Machlup [1967])

5部門
- 製造業のうち　①「情報機械」(コンピュータ，コミュニケーション産業用，研究開発用，制御用などの機械)
- 第3次産業のうち　②「情報サービス」(金融，卸売，政府の一部など)
　　　　　　　　　③「コミュニケーションメディア」(郵便，電信電話，放送，新聞，出版，広告など)
- 産業分野にかかわらず　④「研究開発部門」
- 産業とはいえないかもしれないが　⑤「教育」(学校教育だけでなく家庭，職場，教会，軍隊なども含む)

1947年から1958年における成長率
　　上記の5部門（知識産業）：10.6%
　　上記以外（非知識産業）： 4.1%
　　国民総生産（GNP）：　　 5.9%

1.1.2 マーク・ポラトによる情報産業の定義 (Porato [1977])

　　情報産業＝第1次情報部門＋第2次情報部門

第1次情報部門
　図 **1.1** のとおりである（マッハルプにほぼ準拠）．
第2次情報部門
　ポラトのユニークなところは，情報の生産，加工，流通，販売などを業とする「情報産業＝第1次情報部門」に加えて，他の産業においてもその内部に情報を取り扱う部門（第2次情報部門＝研究開発，計画，広告などの部門）があるとして，それを数量化した点である．
　その際に用いられたのが「情報労働者」という概念である．ポラトによれば，情報労働者とは「主として情報の生産，処理，流通，販売に従事する労働者」

第1章 「電子情報通信産業」の定義

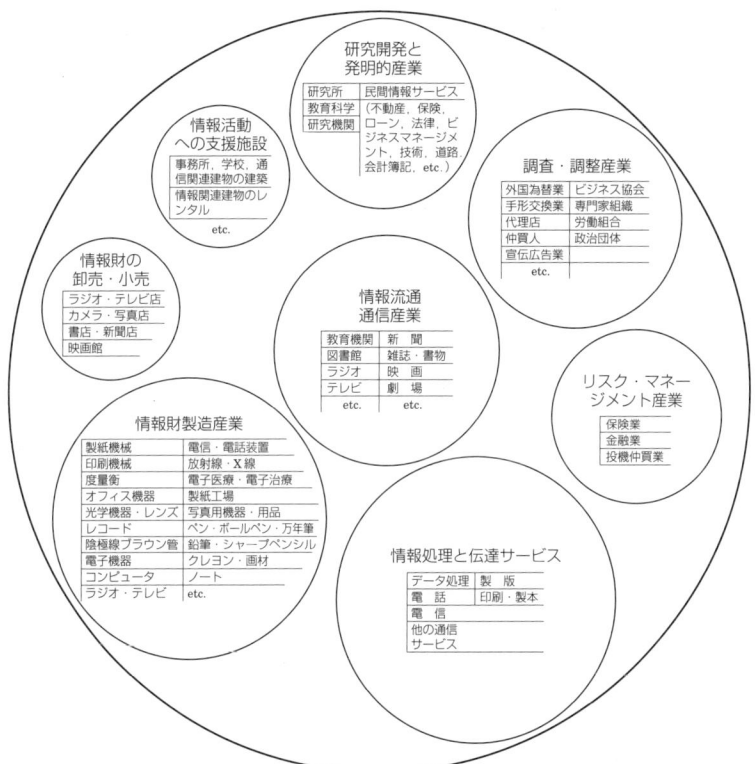

図 1.1 マーク・ポラトの「第1次情報部門」概念図

のことで，科学者，技術者，法律家，税理士，教員など資格を必要とする者や，運輸・通信関係の事務従事者，管理的職員，公務員などがこれに該当する．そして，このような「情報労働者」の雇用者所得と情報機械の投資額に対する資本減耗引当の和をもって，第2次情報部門の付加価値額とした．

情報産業の全体に占める比率

 1967年のアメリカ：GNPの46％，雇用労働者の45％（ポラトの試算）

 1979年の日本：GNPの35％，雇用労働者の38％（電気通信総合研究所の試算）

1.1.3 ポラトの方法論を使った各種の研究結果

情報産業のマクロ経済における比重について研究した広松・大平［1990］

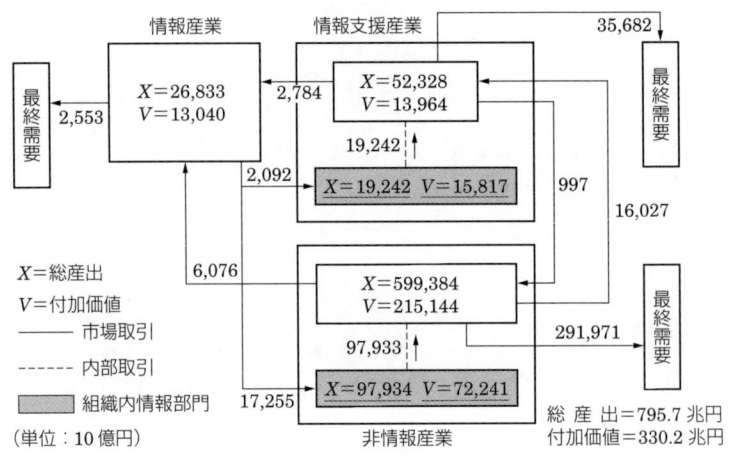

図1.2 情報経済の構造（1985年）

によれば，情報産業に情報支援産業，更には組織（企業）内情報部門という三分法を用いて，1985年産業連関表を書き直した結果は，**図1.2**のようになるという．ここで，後二者の総算出額の合計は117兆円であり，狭義の情報産業の27兆円の4.3倍もの規模に達していること，これらをすべて合わせた広義の情報関連算出額の合計は，全体の総産出額の約2割近いことが印象的である．

また，95年表までを使った経済企画庁［1999］によれば，付加価値（実質）に占める第1次・第2次情報部門の割合は，80年の30％から95年の40％弱へと急上昇している．しかも，バブル崩壊後の景気低迷期には，その比率は一見横ばいで推移しているが，不動産仲介・管理部門の大幅な落ち込みなどの特殊要因を除去すれば，知識・情報集約化のトレンドに変化はないという．

1.1.4 我が国の各種審議会における定義

1970年代までの審議会の定義は6ページのとおりであるが，情報サービス業に偏っており，通信サービスについて触れていないことに違和感を持たれるであろう．それは，次の3つの理由によるものと思われる．

第1章 「電子情報通信産業」の定義

表 1.1 情報部門のウェイト（付加価値ベース）　　　　（単位：%）

日本		1960	1965	1970	1975	1980	1985	1990	1995	2000
今回（狭義）	第1次情報					13.4	15.0	16.0	16.0	
（名目）	第2次情報					17.5	18.4	19.5	20.0	
今回（狭義）	第1次情報					11.0	12.8	16.0	17.7	
（1990価格）	第2次情報					17.9	18.9	19.5	19.6	
今回（広義）	第1次情報					18.1	20.4	20.9	20.0	
（名目）	第2次情報					15.3	15.9	17.0	17.8	
今回（広義）	第1次情報					14.9	16.9	20.9	21.6	
（1990価格）	第2次情報					15.9	16.6	17.0	17.4	
（財）電通研	第1次情報	20.6	20.0	22.8	22.9	25.0		30.3*		35.4*
（1975価格）	第2次情報	8.9	10.6	14.1	18.2	18.5		18.2*		17.9*
OECD	第1次情報	8.4		18.8			*は予測			
	第2次情報		21.8	16.2						
アメリカ			[1967]	[1972]						
ポラト	第1次情報		25.1							
	第2次情報		21.1							
OECD	第1次情報		23.8	24.8						
	第2次情報		24.7	24.4						

（注）・今回とは，引用文献にある研究結果．
　　　・第1次情報は情報関連部門の付加価値，今回の（狭義）は第1次情報に金融保険を含まない場合，（広義）は金融保険を含む場合．
　　　・第2次情報は非情報関連部門の組織内情報関連活動の付加価値．
　　　・（財）電通研は（財）電気通信総合研究所，わが国情報産業の現状と発展動向に関する研究，1984．この研究では第1次情報部門に「金融・保険」及び「情報財の卸・小売」を含んでいる．
　　　・ポラトは，Porato [1977]
　　　・OECDは，OECD, Economic Analysis of Information Activities and the Role of Electronics and Telecommunication Technology, 1980.

出典：経済企画庁 [1999]

(1) 60年代末から70年代前半にかけては，通信サービスは公的独占（電電公社とKDD）により提供されていて，これらを産業として認識することはまれであった．

(2) コンピュータ通信の目覚ましい発展に伴って，この分野を中心に情報産業の誕生と捉える傾向が強かった．

(3) 通産省の所管はコンピュータのハードウェアとソフトウェアであり，通信は管轄外であった．

談話室

梅棹「情報産業論」と情報化社会論

　マッハルプとほぼ時を同じくして，我が国では梅棹[1963]が「情報産業論」を発表し，今日の情報化社会とその中心となる指導理念を活写して，世間の注目を浴びた．同氏の考え方は，その後『放送朝日』誌上で何度も特集や対談が組まれて世に広まっていったが，不思議なことに同氏が注目したのは，コンピュータという新サービスではなく，テレビという当時のニューメディアであった．

　しかし，やがてコンピュータの威力が社会のあり方を根本的に変えてしまうのではないかという「情報化社会論」が広く受け容れられるようになった．その後，「情報化社会論」は新しいメディアや技術の登場に伴って，二度目，三度目の高まりを見せるようになった．すなわち，1980年代のニューメディアの登場や通信自由化と軌を一にする「第2次情報化」や90年代初頭から続くインターネットの活用を背景とした「ネットワーク情報社会」の動きがそれである．

　しかし，このように時代とともに内容が大幅に変化している中で梅棹氏が巧みな命名をした「お布施の理論」（情報という財貨の値段は需要と供給で決まるのではなく，お坊さんにあげるお布施と同じように，需要側と供給側の「格」によって決まる）や，「コンニャク情報論」（情報という財貨には，他の財貨の生産に有効というものもあるが，コンニャクのように栄養価が全くなく，単に内臓を清めるだけというような類のものもある）は，「情報」の特質を見事に言い当てたものとして，今日もなお有効である．

表 1.2　情報産業の定義

	定義及び分類
経済審議会 情報研究会答申 (1969年)	業として，情報の収集・加工または提供，若しくはそのためのシステム開発を行う産業と定義し，情報処理サービス業，情報提供サービス業，情報開発サービス業に分類
通産省産業構造審議会 情報産業部会答申 (1969年)	コンピューティングパワーを用いて情報を処理し，または情報を提供する産業と定義し，情報処理サービス業と情報提供サービス業に分類
通産省産業構造審議会 情報産業部会中間答申 (1974年)	情報化を供給面から支える産業の総称と位置づけ，コンピュータ産業と情報処理産業とに分類，情報処理産業を更にソフトウェア業，情報処理サービス業，情報提供サービス業に分類

1.1.5 小松崎の定義

小松崎 [1980] は，上記のような諸分類がコンピュータ産業に偏りすぎており，通信や放送などのメディアが電子化され融合していくプロセスを重視すべきだとして，次の分類を提案した．

> 小松崎清介『情報産業』(1980年)
>   情報の生産，加工，蓄積，流通，販売などの情報諸活動を電子的手段によって行う産業及びこれらに必要な装置を製造する産業と定義し，情報処理産業，電気通信事業，ハードウェア製造業に分類．更に情報処理産業をソフトウェア業，情報処理サービス業，情報提供業に，ハードウェア製造業を通信機器製造業，コンピュータ製造業に分類．

小松崎氏は情報産業の総合的な把握を目指すための方向として，
(1) 通信と情報処理との総合的な把握
(2) ハードウェアとソフトウェアないしサービス提供の二側面の総合的な把握
(3) 国内と海外の動きの総合的な把握

の3点をあげ，次のように述べている．

「情報産業の定義にあたって，情報に関する諸活動を電子化された領域に限定することは重要な意味を持つと考えられる」．なぜなら「電子化は（中略）情報処理と情報流通の一体的融合をもたら」し，「情報の処理と流通が一体化した，データ通信あるいは情報通信の発展が著しい．技術が更に進み，あらゆる情報が符号化されて扱われるディジタル通信時代を迎えれば，いよいよサービスは総合化されていく」からである．

このような小松崎氏の見方から，「情報産業とは，情報の生産，加工，蓄積，流通，販売などの情報諸活動を電子的手段によって行う産業及びこれらに必要な装置を製造する産業」という結論が導かれる．この定義を改めて図示すれば，**図1.3**のとおりである．

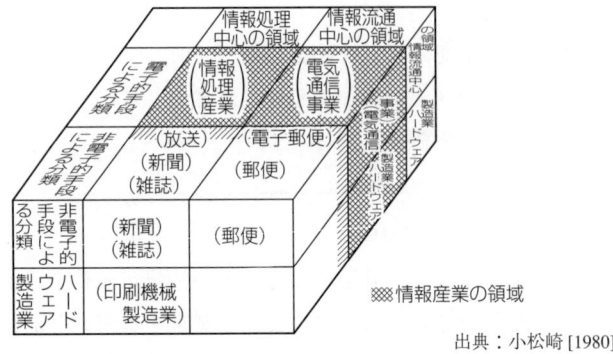

図 1.3　電子的手段による情報産業

1.2　情報通信産業

本節では，「情報産業」の一部を構成する「情報通信産業」の定義を試みる．「情報産業」が多義的であることに加えて，我が国では情報処理と電気通信を所管する官庁が異なることもあって，「情報通信産業」の定義は政治的な意味合いも帯びている．

因みに諸外国では，「情報通信産業」という概念に近い理解を示しているのがEU諸国で，ICT（Information and Communications Technology）という用語をよく使う．これに対してアメリカでは，専らIT（Information Technology）である．しかし，いずれにしても「情報通信産業」にぴったりの訳はない．

1.2.1　私の定義

私が1984年に下した次の定義は，恐らくは我が国で最初のものであろう．

林　紘一郎『インフォミュニケーションの時代』（1984年）
　〈情報通信産業〉とは〈情報産業のうち情報の流通を担う産業〉をいう．
　なお，ここで情報産業の定義は小松崎氏のものに準じ，流通手段は電子的手段によるものに限る．したがって，これを言い換えれば，〈情報のオンライン流通を担う産業〉ということになろう．

若干の解説を加えれば，小松崎氏の図1.3のうちハードウェア製造業が除かれ，情報処理産業のうちオフラインの部分も除かれる．ただし，後者は時代の進展とともに，比重が小さくなりつつあると推測される．

1.2.2 旧郵政省の定義

一方，旧郵政省内の考え方としては，1983年に私的懇談会「電気通信システムの将来像に関する調査研究会」によって次の概念が提案され，1984年11月の電気通信審議会答申において「情報の伝達・加工・処理・提供を行う業，及びこれに関連する業の総体」と定義された．最新の「情報通信白書」でも，この考え方は基本的には踏襲されている．

この定義には2つの点で疑問がある．第1点は，情報の伝送・加工に加えて，処理・提供業をも含めている点である．第2点は，報告書がせっかく「電気通信による情報の伝送・加工業」を主体におきながら，「これに関連する業」として電気通信に関するハードウェア及びソフトウェア業はおろか，新聞，出版，印刷などの業までもすべて含めてしまい，定義を曖昧にしてしまったことである．

報告書のような定義をすれば，それこそ「情報及び通信関連産業」と同義になってしまうほど幅広いものになり，「情報通信産業」という特定の産業

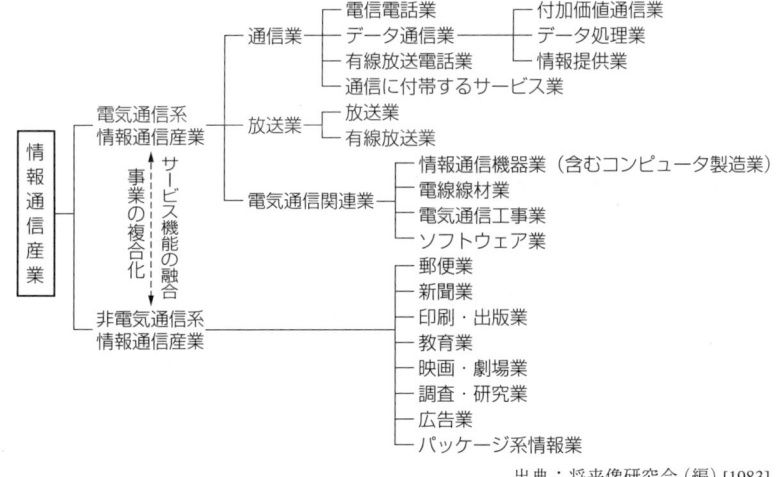

出典：将来像研究会（編）[1983]

図 1.4　旧郵政省の概念

通信産業は，もはやリーディングインダストリーではない？

　1990年代に日本の景気が低迷する中で，本書の対象としている電子情報通信産業が，日本の経済を牽引するリーディングインダストリーであるという期待が高まり，広く受け答えられた．

　ところが，総務省（旧郵政省）が毎年実施してきた「通信産業実態調査」の2000年10月実施結果によれば，図 1.5 のとおり全産業に対する通信産業（この場合，第1種電気通信事業者＋第2種電気通信事業者＋放送事業者（NHK含む）＋CATV事業者の売上と定義しているので，第2種電気通信事業者がオンライン情報サービスとほぼ同じだとすれば，私たちの定義した電子情報通信産業とほぼ同じになる）の売上比率は，1996年度をピークに下降している．

　これはどのように捉えたらよいのだろうか．

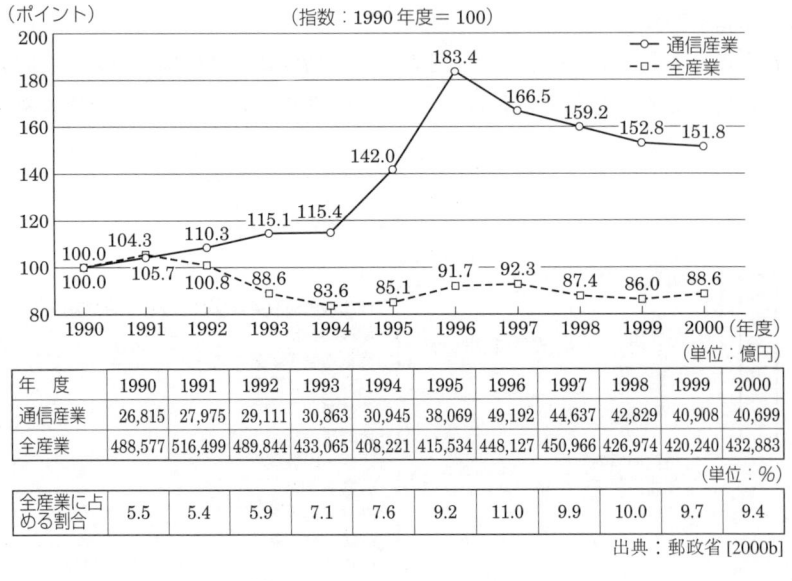

年　度	1990	1991	1992	1993	1994	1995	1996	1997	1998	1999	2000
通信産業	26,815	27,975	29,111	30,863	30,945	38,069	49,192	44,637	42,829	40,908	40,699
全産業	488,577	516,499	489,844	433,065	408,221	415,534	448,127	450,966	426,974	420,240	432,883

（単位：%）

全産業に占める割合	5.5	5.4	5.9	7.1	7.6	9.2	11.0	9.9	10.0	9.7	9.4

出典：郵政省 [2000b]

図 1.5　通信産業の全産業に対する比率

分野に固有の問題を抽出しようという意図とは正反対の結果になってしまうおそれが強い．

ただし，総務省（旧郵政省）も，白書などではこの広義の定義によりつつも，他方で「通信産業実態調査」などにおいては，本書の定義する電子情報通信産業とほぼ同様の概念を用いている（談話室参照）．

1.3　電子情報通信産業

本書で研究の対象にする「電子情報通信産業」を，以下のように，最終的に確定する．

・電子的手段によるものに限ることにする．これは小松崎氏以来の伝統に沿うものである．

・情報通信産業とは，情報産業＋通信産業ではなく，情報産業のうち通信分野を担っている産業のことである．したがって，「電子情報通信産業」とは，「情報の電子的流通を担う産業」となる．これは私がかつて定義した範囲，すなわち「情報のオンライン流通を担う産業」と，結果としてほぼ同じになる．

・なお，ここで電子機器製造業やソフト供給業は，直接の研究対象でないことに留意されたい．これらの産業は，電子情報通信産業に機器やソフトウェアを提供することによって大いに貢献しているが，それ自体が電子情報通信産業ではない（ボーイング社がいかに大きくても，それ自体が航空輸送産業ではないことと同じである）．

・これを図示すれば，**図 1.6** のようになるであろう．すなわち，世間一般が抱いている「電子情報通信産業」のイメージは，「電子＋情報＋通信（＋機器）」産業の全体であるかもしれないが，本書ではその全部が重なり合う部分（斜線部）に焦点を合わせ，他の分野は斜線部に関連がある限りで触れるにとどめるということである．

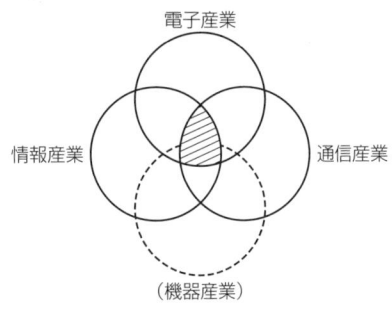

図 1.6　電子情報通信産業の範囲

> **本章のまとめ**
>
> ① 電子情報通信産業：情報産業のうち電子的手段による情報の流通を担う産業．
> ② 情報通信産業：情報産業のうち情報の流通を担う産業．このうち電子的手段によるものに限定すれば，電子情報通信産業と同じになる．
> ③ 情報産業：情報の生産と流通を担う産業．これに企業内の情報部門を加える考え方もある．

● 理解度の確認 ●

問1． 情報産業とは何か．また，それが注目されるようになったのはいつごろのことで，どのような理由からであるか．

問2． 情報通信産業とは何か．違った見方があるとすれば，どのような差があるかも併せて考えよ．

問3． 電子情報通信産業とは何か．

問4． 電子情報通信学会の定款（第5条）では，本学会の活動は「電子工学及び情報通信に関する学問，技術の調査，研究及び知識の交換を行い，もって学問，技術及び関連事業の振興に寄与することを目的とする」とされているが，これは本書が定義した「電子情報通信産業」と，どのように重なり合うか．

併せて情報通信学会の定款（第3条）における「情報及びコミュニケーションに関する，総合的・学際的な研究・調査及びその研究者相互の協力を促進し，もってコミュニケーションの発展に貢献することを目的とする」についても考察せよ．

第 2 章

産業の発展と産業分類

　第1章で「電子情報通信産業」の定義をしたのに続いて，本章ではその中に含まれる産業群は何か，逆にこれに含まれない産業群は何かを明確にし，その成長経緯をたどる．

　また併せて，これら産業の産業分類上の区分について概観する．

2.1　電子情報通信産業及び関連産業

　本節では，「電子情報通信産業」の範囲を具体的に確定し，その成長の軌跡をたどる．

2.1.1　1999年度データによる産業の状況

前章で定義した情報通信産業とその関連領域を図示すれば，**図 2.1** のとおりである．ここで，太線の枠内が電子情報通信産業固有の領域，枠外が関連領域を示している．そして，それぞれの円の面積は売上高に比例している．

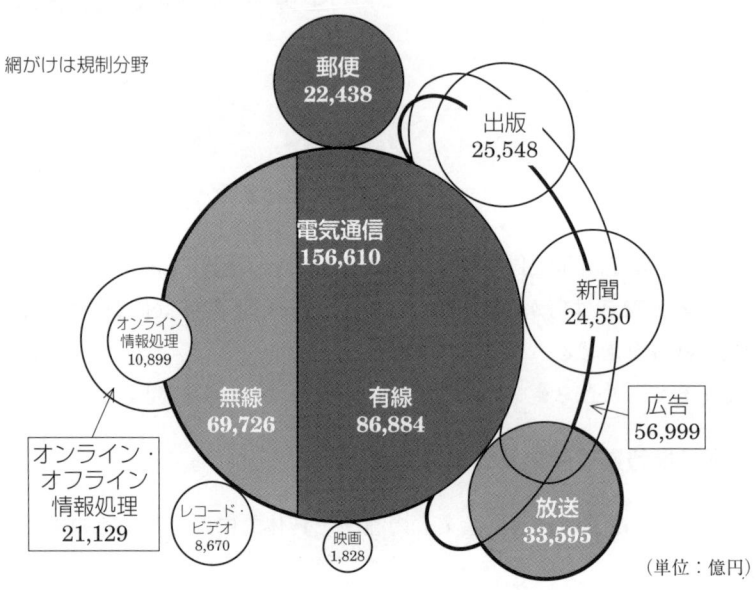

図 2.1　1999年度における産業の状況

第2章　産業の発展と産業分類　　　　　　　　　　15

2.1.2　1981年度データによる産業の状況

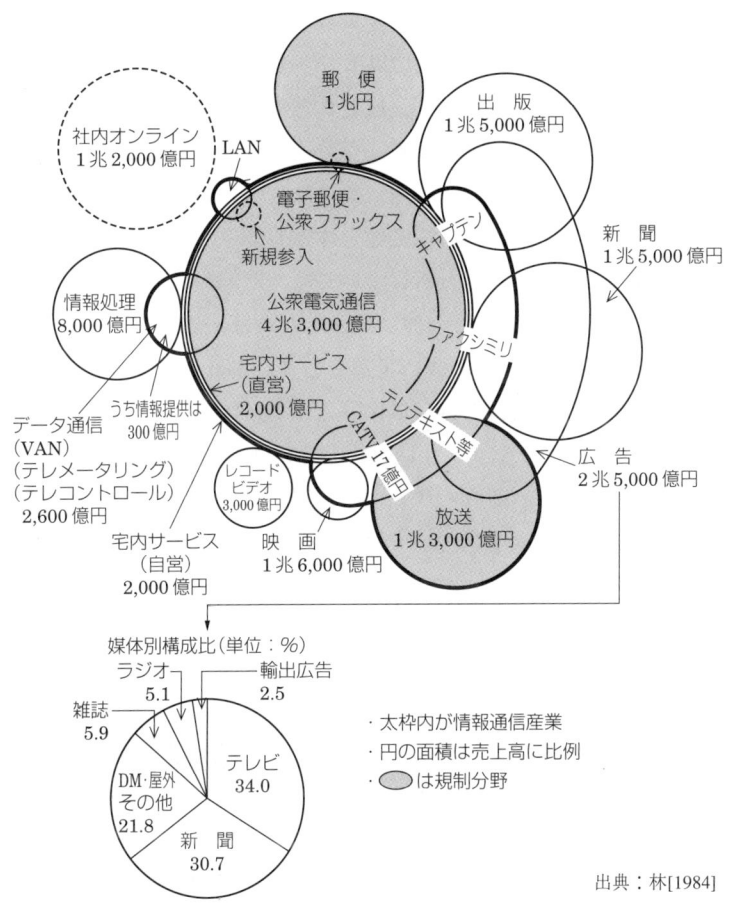

図 2.2　1981年度における産業の状況

2.1.3　両図の比較から得られる知見

1981年から99年までの18年間において，次のような変化が起こった．
(1)　広告費の伸びはGDPの伸びとほぼ平行しているので（この点は第11章で再説する），この約2.3倍を全産業の平均的な伸びと見ることができる．
(2)　平均値以上の伸びを示したのは，電気通信（約3.6倍），オンライン情報処理（約3.2倍），レコード・ビデオ（約2.9倍）程度で，意外に少

ない．

(3) このうち電気通信の伸びが一番大きいが，これを有線系と無線系に分けると，有線系は約2倍と平均以下で，全くの新興分野である無線系サービスによって，この伸びが達成されたことがわかる．

(4) しかし，1981年当時最も期待されたコンピュータ通信（いわゆるVAN：Value Added Network）関連は，オンライン部分こそ平均を上回った（約3.2倍）が，情報処理全体としては，約1.5倍と低位の伸びにとどまった（この原因分析については，第9章に譲る）．

(5) 一方，平均値と同程度の伸びを示したのは，放送（約2.4倍），郵便（約2.2倍）など規制色の強い産業であり，これらは高度な伸びが期待できない反面，平均的な伸びは保障されていた，といえようか．

(6) 他方，新聞（約1.6倍），出版（約1.7倍）など紙メディアの伸びは平均値をかなり下回り，電子メディア優位の構造が明らかになりつつある．

(7) 全体に占めるシェアについては，もともと比重の高かった電気通信が他よりも高率の伸びを示したため，ますますウェイトを高めている．

談話室

電子情報通信産業に関する情報源

　本書で考察の対象とする電子情報通信産業は幅広く，また変化の激しい産業分野である．また，主務官庁も総務省（旧郵政省）と経済産業省（旧通商産業省）にまたがっていて，1つのドキュメントが関連産業のすべてをカバーしきれないという欠点がある．

　そこで，通常は執筆者の手の内（いわばアンチョコ）にあって公開されないことが多い情報源を，ここでは積極的に開示することによって読者が自ら情報にアクセスし，データをアップデートすることを勧めたい．

1.『情報通信白書』

　旧郵政省時代は「通信白書」と呼ばれていたが，2001年から「情報通信白書」と改称したものである．通信，放送，CATVなど総務省所管の諸産業に関するデータを豊富に収録しており，本書での引用も最も多い．CD-ROMが添付されているほか，ネット上でも利用できる．本書では，最新のものを総

務省［2001a］と表記して，引用している．

2.　『通信産業実態調査』など

　国の「承認統計調査」である表記調査ほかのデータである．年間データの主要なものは「情報通信白書」に収録されているが，それ以外のものや四半期データなども含まれている．2002年度から総務省のウェブで利用できる予定になっている．

3.　『情報通信ハンドブック』

　(株)情報通信総合研究所が毎年発行しているハンドブックである．1.が公式白書なら，こちらは「民間白書」といった趣きで，電子商取引の独自調査などを織り込んでいる．

4.　『特定サービス産業実態調査』

　電子情報通信産業のうち経済産業省所管のものとして，情報サービス産業がある．しかし，この産業には参入・撤退や料金など何らの規制も課されないので，上記総務省（旧郵政省）関連産業と異なり，産業の実態を把握するのはこの統計データしかない．本書では，最新のものを経済産業省［2001］として引用しているが，同省のホームページからも閲覧できる．

5.　『情報化白書』，『データベース白書』，『デジタルコンテンツ白書』など

　経済産業省所管の産業動向を把握するには，むしろこれらの白書類を見るほうが便利である．4.も収録した『情報化白書』は最も収録範囲が広く，『データベース白書』はデータベース産業に特化したもの，『デジタルコンテンツ白書』は『マルチメディア白書』と『新映像情報白書』を合体し改称したものである．

6.　『インターネット白書』，『インターネット・ビジネス白書』

　現在では，インターネットの動向を無視して，電子情報通信産業は語れない．しかし，この産業分野は日進月歩あるいは分進秒歩なので，実態把握はなかなか難しい．毎年出版されている白書はこの2種で，前者はインターネット協会監修のいわば公式版，後者は純民間版である．

7.　『情報メディア白書』

　上記各種資料も含めて最も網羅的にデータを収集し，かつ経年データを収録している点で信頼性が高いものである．マンガやイベントなど，およそメディアに関するものすべてを含んでいるので，電子情報通信産業の枠を越えるが，重複する分野では本書でも何箇所も引用している．

2.2 産業の発展

本節では,電子情報通信産業及び関連産業の成長率をたどり,発展の様子を探る.

2.2.1 1981年から99年までの成長

表 2.1 電子情報通信産業の売上高　　　　　　　　（単位：億円）

産業区分		1981年度	1986年度	1991年度	1996年度	1999年度	1991/1981	1999/1991	1999/1981
放送	放送	13,000	17,516	26,737	30,200	30,723	2.06	1.15	2.36
	CATV	17	40*	317	1,410	2,244	18.65	7.08	132.00
	衛星放送	0	0	304	661	628	—	—	—
	小計	13,000	17,556	27,358	32,271	33,595	2.10	1.23	2.58
通信	固定電話	43,000	55,774	68,125	80,358	86,884	1.58	1.28	2.02
	移動通信	−0	−0	5,147	40,626	68,378		13.29	—
	衛星通信	0	0	271	384	1,348		4.97	—
	小計	43,000	55,774	73,543	121,368	156,610	1.58	2.13	3.64
情報処理	オンライン情報処理	2,300	2,900**			8,180			3.56
	オンライン情報提供	300	1,300**	2,160		2,719	7.20		9.06
	小計	2,600	4,200**			10,899	1.62		4.19
合計		58,600	77,530			201,104			3.43倍

（注）*は1987年データ,**は1984年データ,—はデータが得られないことを示す.
出典：1981年は林[1984]による推計値を含む概算値.
　　　1986年以降は電通総研[2001].ただし,オンライン情報処理とオンライン情報提供は林[1988]の方法論による.

表2.1から,次の諸点を読み取ることができる.

(1) 電子情報通信産業全体の伸びは18年間で3.4倍と,この間のGDPの伸び（2.3倍）を大幅に上回り,成長産業としてリーディングインダストリーの1つとなった.

(2) 成長率は1980年代よりも90年代のほうが高く,日本経済全体が「失われた10年」と呼ばれた90年代においては,特にマクロ経済の成長に貢献した.

(3) この成長を牽引したのは，携帯電話の驚異的な伸びと情報処理系の着実な伸びであった．この間放送はCATVの大幅な伸びがあったものの，規模が小さく全体を動かすに至らず，期間を通じてGDPと連動する程度の動きしか示さなかった．
(4) この過程で構造変化も生じている．電気通信分野では固定通信優位の時代は終わり，固定と移動とがほぼ市場を二分するようになった．インターネット関係のデータは把握が難しいことから，この表には明示的に登場しないが，いずれ音声通信（電話）に追いつき，追い越すことになろう．
(5) 1990年代に入ってから登場した新しいメディアのうち，インターネット以外のもの，すなわち放送衛星，通信衛星，高帯域CATVなどは成長率こそ著しいが，まだ本格的なメディアとしての安定成長期に入っていない．
(6) 情報処理系は伸びこそ著しいものの，産業全体の比重としては1兆円強と，放送系の1/3，通信系の1/15未満である．これには2つの側面が考えられる．1つはインターネットのような分散処理システムが普及したため，従来型の大型機を中心にしたオンライン処理が必須ではなくなったこと，いわばユビキタス（ubiquitous）コンピューティングの裏面である．そして2つ目は，LANの普及に見られるように自力でコンピュータネットワークが構築可能になったため，事業者への発注分が伸びなくなったことである．80年代中ごろには，このVANこそ成長分野だという見方が強かったが，時代は全く様変わりした感がある．

2.2.2 日本経済の中の電子情報通信産業

政府の統計には「電子情報通信産業」という概念はなく，総務省（旧郵政省）は，統計的に「情報通信産業」という概念を使っている．その範囲は，**表2.2**のようにかなり幅広く，第1章で述べたとおり「情報産業＋通信産業」に近い．

この広い意味の「情報通信産業」の実質国内生産額を推計し，実質国内総生産（Gross Domestic Product：GDP）におけるシェア（構成比）を試算すると，**図2.3**のようになる．1999年時点では10％を超え，しかも約15年前

表 2.2　我が国における情報通信産業

情報通信産業	情報通信サービス	郵便	郵便
			郵便受託業
		電気通信	地域電気通信
			長距離電気通信
			移動電気通信
			その他の電気通信
			電気通信に付帯するサービス
		放送	公共放送
			民間テレビジョン放送
			民間ラジオ放送
			民間衛星放送
			有線テレビジョン放送
			有線ラジオ放送
		情報ソフト	ソフトウェア（コンピュータ用）
			情報記録物製造業
			ゲームソフト
			映像情報ソフト
			放送番組制作
		情報関連サービス	新聞
			印刷・製版・製本
			出版
			情報提供サービス
			情報処理サービス
			ニュース供給
			広告
			映画館・劇場など
	情報通信支援財	情報通信機器製造業	事務用機器
			電気音響機器
			ラジオ・テレビ受信機, ビデオ機器
			電子計算機・同付属装置
			有線電気通信機器
			無線電気通信機器
			磁気テープ・磁気ディスク
			通信ケーブル
		情報通信機器賃貸業	電子計算機・同関連機器賃貸業
			事務用機器賃貸業（電子計算機を除く）
			通信機械器具賃貸業
		電気通信施設建設	
	研究		

*　情報通信産業の範囲については，「情報の生産・加工・蓄積・流通・供給する業及びこれに必要な素材・機器の提供などを行う関連業」とした電気通信審議会答申（1984 年 11 月）の定義に基づくもの．

出典：総務省 [2001a]

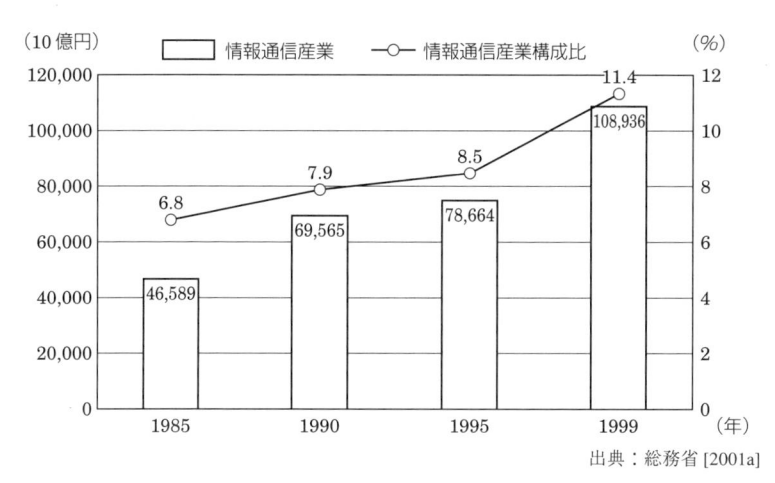

第2章　産業の発展と産業分類　　　　　　　　　　　　　21

図2.3　情報通信産業の実質国内生産額の推移

（グラフ：情報通信産業（10億円）と情報通信産業構成比（%）の推移）
- 1985年：46,589、6.8%
- 1990年：69,565、7.9%
- 1995年：78,664、8.5%
- 1999年：108,936、11.4%

出典：総務省 [2001a]

の1985年度の比率から倍増に近い伸びを示すなど，この産業群の成長性が顕著である．

なお，この数値を「電子情報通信産業」に置き換えた試算値はないが，1999年度データだけでラフな概算をしてみると，「情報通信サービス」と「情報通信支援財」の比率から見て，11.4％は7％程度に縮小するものと思われる．

2.2.3　産業の活力

一般的に各産業における活力を測る手段の1つとして，参入・撤退状況を調べることが行われている．しかし，もともと規制がなく自由な企業活動が行われてきた産業領域について，参入・撤退のデータを入手することは容易ではない．そこで，これに代わるものとして，かつて私が創立年別の会社数を調べ，これを年表形式にしたのが**表2.3**である．ここではデータが古いことと，この間に参入しかつ撤退した企業についてはデータに現れないという欠陥を有するが，この表から大別して，次の4つのグループに区分けすることが可能であろう．

(1) 旧来からあるメディアで，近来における参入はさほど顕著でない，いわば安定した産業（新聞，映画，放送）

(2) 旧来からあるメディアであるが，参入が現在もなお顕著なもの（出版，広告）

表 2.3 創立年別会社数

区分／創立年	新聞	出版	広告	映画	放送	CATV	公衆電気通信	宅内	情報処理
昭和以前	★★★★ *	★★★ ★★★★	★ ★★★★	★★★ ★★★★★	*			★★★★★★★	★★★ ★★★★★★★★
昭和元年	★★★★★★★★	★★★★	★★★						
2	*	*							
3		★★★★							
4–18									
19	59	394	143	35	1	0	0	7	
20	★★★	★★★★	★★★★	★★★★	★★★★		★★	★★★	
21	★★★★★★★★	★★	★	★★	★★				
22		★★★★	★★	★★★★★					
23		*	★★★★★★★★						
24		★★★★★★							
25–28							NTT, KDD		
29	38	656	528	65	42	0	2	3	38
30	★★★★★★	★★★★	★★★★	★★	★★★★	★★★★		*	★
31		★★★★	★★★★	★★★★★★★★	*	★★			★★★★
32		★★★★	★	*	★★★★★★★★	★★★★★★			★★★
33		★★★★	★★★						
34–38									
39	6	484	930	29	57	66	0	1	170
40	*	★★★	★★★★	*	★★	★★★		★★	★★★★
41		★★★★	★★	*	★★★★	★★★★			★★★★★
42		★★	★★★★★						*
43		★★★★★★★★	*						★★★★
44	1	367	660	11	24	34	0	2	464
45		★★★★	★★★★★	★★★★★★★	★★	★★★★		★★★★★★★	★★★★★
46		★★★★	★★★★		★★	*			★★★
47		★★★	★★★★★			★★★★★★★★			★★★★★★★★★
48		★★★★★★★★	★★★★★★★★			*			
49	0	478	958	6	22	59	0	7	809
50	★★	★★★★	★★★★	*	★★★★★	★		★★	★★★
51		★★★★	★			★★★★			★★★
52		*	★★★★★★★★			★★★			
53		*							
54	2	451	507	1	5	143	0	2	301
55	*	★★	★	*	*	★		★★	*
56		★★★★	★★★★		★★	★★★★			★★★★★★★★
57		★★★★	★★★			★★★★			*
58		*	★★★★★★			★★			
59	1	★★ 292	176	1	12	182	0	2	19
合計	107	4,231	3,902	148	163	484	2	24	1,801

(注) 出版の合計は創立不明のもの (1,109社) を含む。
　　★ = 100社　　★ = 10社　　* = 1社

出典：林 [1988]

(3) 新しいメディアで既に参入が顕著になりつつあるもの（情報処理，CATV）
(4) これまで独占を維持してきたが，自由化により参入が顕著になると想定される産業（電気通信，宅内）

そして既に述べたように，(4) の変化は (1)～(3) の類型にも大幅な変化をもたらすことになろう．こうした変化こそ，私が1985年の電気通信事業法の制定を「画期的法改正」と呼んだ所以である．

2.3 産業分類における位置づけ

本節では，「電子情報通信産業」が政府の産業統計の基礎になっている「日本標準産業分類」において，どのように位置づけられているかを概観する．

電子情報通信産業に属する電気通信，放送及び情報サービスの三分野は「日本標準産業分類」（1993年改訂）上，**表2.4**～**表2.6**のように解説されている．

表 2.4

中分類47　電気通信業		
この中分類には，主として有線，無線，その他の電磁的方式により意思，事実などの情報を送り，伝えまたは受けるための手段の設置，運用を行う事業所が分類される． なお，上記手段の設置のための工事を施工する事業所は大分類E－建設業[11]に分類される．		
小分類	細分類	
471		国内電気通信業（有線放送電話業を除く）
	4711	国内電話業（移動通信業を除く） 主として音声を対象とする通信を行うための手段の設置，運用を行う事業所をいう．
	4712	国内専用線用 主として特定者間の通信を行うための手段の設置，運用を行う事業所をいう．
	4713	移動通信業 主として移動体端末による通信を行うための手段の設置，運用を行う事業所をいう．
	4719	その他の国内電気通信業 主として通信を行うための手段の設置，運用を行う事業所のうち他に分類されない事業所をいう．
472		国際電気通信業
	4721	国際電気通信業 主として本邦外との通信を行うための手段の設置，運用を行う事業所をいう．
473		有線放送電話業
	4731	有線放送電話業 有線による放送及び通話両面の設備を用い，主として市町村などの一定の区域内における利用者のために，放送と通話取扱のサービスを提供する事業所をいう．
474		電気通信に付帯するサービス業
	4749	電気通信に付帯するサービス業 他に分類されない電気通信に付帯するサービスを行う事業所をいう．

第2章　産業の発展と産業分類

表 2.5

中分類81　放送業		
この中分類には，公衆によって直接視聴される目的をもって，無線または有線の電気通信設備により放送事業（放送の再送信を含む）を行う事業所が分類される． ただし，有線の電気通信設備により放送及び通話両面のサービスを提供する事業所は大分類H－運輸・通信業[4731]に分類される．		
小分類	細分類	
811		公共放送業（有線放送業を除く）
	8111	公共放送業 主として公共の目的のため，非営利的に放送事業を行う事業所をいう．
812		民間放送業（有線放送業を除く）
	8121	テレビジョン放送業 主として公告料収入または有料放送収入により，テレビジョン放送事業（ラジオ放送事業を兼営するものを含む）を行う事業所をいう．
	8122	ラジオ放送業 主として公告料収入または有料放送収入により，ラジオ放送事業を行う事業所をいう．
	8129	その他の民間放送業 他に分類されない放送事業を行う事業所をいう．
813		有線放送業
	8131	有線テレビジョン放送業 主として有線の電気通信設備により，テレビジョン放送事業（ラジオ放送事業を兼営するものを含む）を行う事業所をいう．
	8132	有線ラジオ放送業 主として有線の電気通信設備により，ラジオ放送事業のみを行う事業所をいう．

表 2.6

中分類82　情報サービス・調査業		
この中分類には，主として企業経営を対象として，情報の処理，提供，調査などのサービスを行う事業所が分類される．		
小分類	細分類	
822		情報処理・提供サービス業
	8221	情報処理サービス業 電子計算機などを用いて，委託された計算サービス（顧客が自ら運転する場合を含む），パンチサービスなどを行う事業所をいう．
	8222	情報提供サービス業 各種のデータを収集，加工，蓄積し，情報として提供する事業所をいう．

（注）　なお，「電子情報通信産業」に入るのは，小分類822のうち，オンライン処理を行っている部分だけである．

IT産業の日米格差

談話室

　電子情報通信産業に近似の概念として，2000年以降急速に「IT(Information Technology) 産業」という用語が普及している．

　これも確たる定義のある言葉ではないが，アメリカ政府の『ディジタルエコノミー』関連の文書によれば，4分野（情報技術のハードウェア，ソフトウェア，通信ハードウェア，通信サービス）を指すとされる．この定義に従えば，我々が定義した電子情報通信産業のうち，マスメディア産業は除外され，代わりにコンピュータや電子通信機器などのハードウェアとソフトウェアがすべて含まれることになる．

　この概念で日米を比較した湯川・石丸［2000］は，次のように指摘している．

　「日本のIT産業の経済全体に占めるシェアは，90年から95年の平均で4.74％，一方アメリカは，90年から96年までの平均で5.73％であり，日米差は約1％にすぎない．しかし，日本は各年おおよそ4.6％～4.9％の間で安定して推移しているのに対して，アメリカは90年の5.8％から96年の7.1％へと毎年上昇を続けている．アメリカのIT産業は，90年代の年平均成長率で10％を超え，日本のそれの2.23％に比べて，5倍以上と，アメリカIT産業の成長スピードの高さが目立っている．

　分野ごとに見ていくと，（中略）日米差がついているのは，ソフトウェア／サービス分野と通信サービスの分野である．4分野のうち最も日本が遅れをとっている通信サービス分野では，その経済全体に占めるシェアはアメリカのほうが1.5倍高く，その伸びも2倍以上の差がついており，日米格差は少しずつ広がっている．」

第2章　産業の発展と産業分類　　27

> **本章のまとめ**
>
> ① 電子情報通信産業は，過去ほぼ20年間にわたって成長を続けてきた結果，GDPの中の比率も10％程度にまで上昇した．
> ② この成長傾向は，放送の場合1980年代が好調で90年代は低率であるのに対して，電気通信と情報処理の場合は20年近くにわたって高率の成長を維持している．
> ③ 中でも売上高シェアの大きい電気通信については，90年代に移動通信が急速に伸びたことが際立っている．
> ④ 日本標準産業分類においては，「電子情報流通産業」という括りはなく，事務所単位に電気通信業，放送業，情報サービス・調査業などの中に分かれて存在している．しかし，新興のビジネスの場合は，どれにも当たらないこともある．

● 理解度の確認 ●

問1. 電子情報通信産業を構成する主たる産業をあげよ．
問2. 電子情報通信産業そのものではないが，これに密接に関連する産業をあげよ．
問3. 電子情報通信産業の成長率は，他の産業と比べてどうであったか．
問4. 電子情報通信産業のうち成長率の著しい分野はどれか．1980年代と90年代に分けて述べよ．
問5. 電子情報通信産業が「リーディングインダストリー」であるとは，どういう事態をいうのか．
問6. 日本標準産業分類では，電子情報通信産業はどのように分類されているか．中分類について述べよ．

第3章

電気通信事業（1） 市場と事業者の動向

本章から次章において，電子情報通信産業の中でも最も比重が高い，電気通信事業について分析する．

まず本章では，市場の捉え方と動向，事業者の状況などについて概観する．

3.1 市場のマクロ的捉え方

本節では，一口に電気通信といっても各種のサービスが含まれていることから，理解を深めるうえで市場を大別するとすれば，どのような分類が可能かについて検討する．

3.1.1 固定通信と移動通信

既に前章で見たように，1990年代に入ってから移動通信，特に携帯電話が爆発的に伸びたことから，固定通信と移動通信は今や電気通信を二分するサービスとなった．

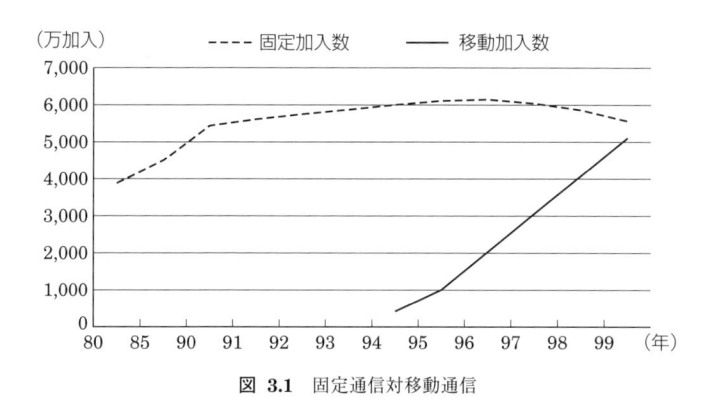

第3章 電気通信事業（1）市場と事業者の動向

図 3.1 固定通信対移動通信

3.1.2 電話系対データ系（インターネット）

電気通信の中心となるサービスは100年余にわたって電話だったが，1990年代の後半に入って急速にインターネットが普及してきた．このため，売上のかなりの部分がデータ系（コンピュータ通信）サービスとなっているが，これを計量的に把握することは意外に難しい．

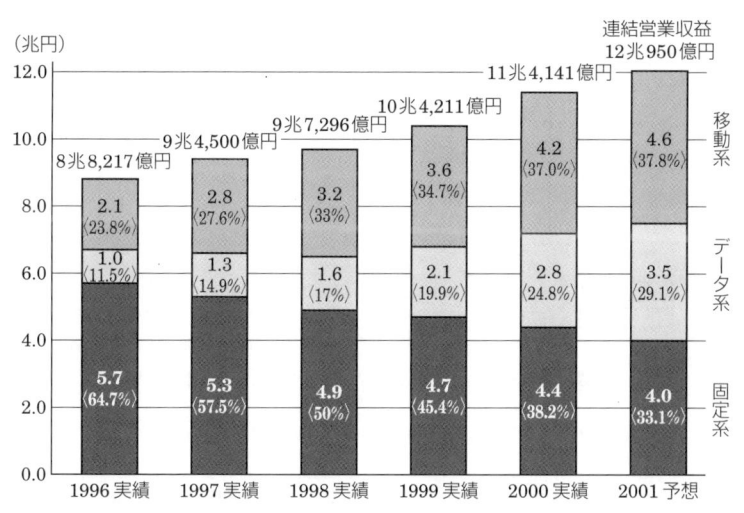

＊　区分別数値については，推計により算定している．

出典：NTT[2001b]に一部加筆

図 3.2 NTTグループにおける電話系（固定・移動）対データ系

ここでは，サービス別収支がある程度明確になっているNTTグループのデータを使い，電話系（固定・移動）対データ系の比率の推移を推計した．

3.1.3 NTT対NCC

かつては独占事業者であった日本電信電話（株）とその子会社5社（NTT東，NTT西，NTTコミュニケーションズ，NTTドコモ，NTTデータ）は，依然として大きな市場シェアを持っている．

これに対して，新規参入者（New Common Carriers：NCCs）は，NTTに比較すれば規模は小さいものの，成長性においてはNTTを圧倒している．

これら両者を2大グループとしてまとめて市場シェアの推移を見ると，固定電話発着信の総通話回数におけるシェアは，**図3.3**のとおりである．ただし，これはマクロ的な比較であり，市場を細分して（例えば，東名阪の市外通信のシェアを）みれば，NCCのシェアがNTTを上回っている．

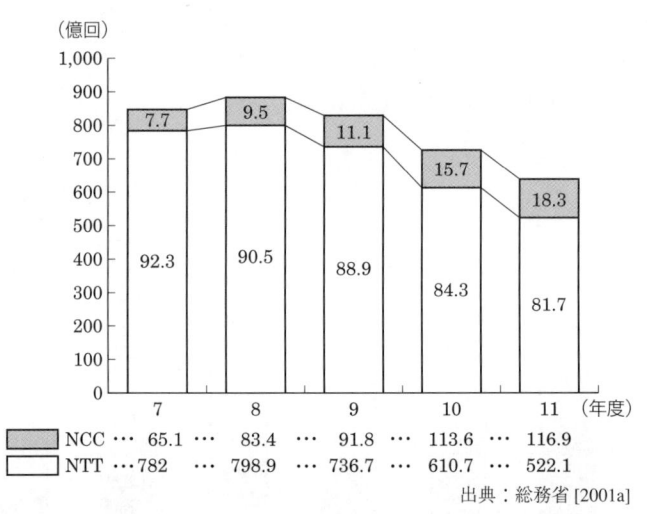

```
(億回)
      7     8     9    10    11  (年度)
NCC  65.1  83.4  91.8 113.6 116.9
NTT  782  798.9 736.7 610.7 522.1

NCC%  7.7   9.5  11.1  15.7  18.3
NTT% 92.3  90.5  88.9  84.3  81.7
```

出典：総務省 [2001a]

図3.3 総通話回数におけるNTT，NCCのシェアの推移

表3.1 東京・愛知・大阪の3都府県間の通話回数におけるNTTとNCCのシェアの推移　　　　　　　　　　　　　　　　　　（単位：%）

年　度	89	90	91	92	93	94	95	96	97	98
NCCシェア	38.6	47.6	51.0	54.4	54.4	54.1	55.8	56.4	59.6	63.9
NTTシェア	61.4	52.4	49.0	45.6	45.6	45.9	44.2	43.6	40.4	36.1

出典：福家 [2000], 郵政省 [2000a]

談話室

電気通信は母親産業？

かつて郵政省の研究会が『電気通信は母親産業』なるレポートを出したことがある（在り方研究会［1987］）が，このタイトルは「電気通信サービスが他の産業のインプットとして活用され，普遍化していく」姿をイメージしていたと思われる．

これを実証するためには，産業関連表（Input，Outputを示すI/O表）において，電気通信が他の産業の生産物を中間財として買う比率よりも，他の産業が電気通信を中間財として買う比率が高まっていることを示せばよい．この方法論の1つが三角化法で，I/O表を左半分の三角形の中に収めるような近似値を算出する方法である．

この方法に準拠した鷲崎［2001］によれば，我が国の1980，1985，1990，1995年表を用いた三角化による産業の序列は**表3.2**のようになっており，この15年間において国内電気通信（No. 27）が継続的に順位を下げ，かつその下げ幅が最も大きい部類に属する（他にこれに準じたものとして，45 電線・ケーブル，46 一般機械，48 半導体素子・電子管，49 その他の電気機器がある）ことがわかる．

順位を下げるということは，他の産業の中間財として買われる機会が多いことを意味するので，先の「母親産業」であることが間接的に証明されたといえる．

〈表の見方〉

部門番号27の国内電気通信についてみると，年次別序列が34位→41位→47位→62位と変化しており，変動幅の絶対値が7，6，15で合計28．またその方向性は，いずれも下落（－1）である．

変動幅の絶対値だけなら，国内電気通信よりも大きい部門は幾つかある（18 電気通信機器，20 その他の精密機械，31 不動産仲介・管理，39 医薬品，50 輸送機械，51 その他製造業，53 電気通信施設建設，62 公務）が，いずれも方向性が一定でなく（方向性の合計が－1），結局順位を一方的に下げている（方向性の合計が－3）国内電気通信が，No.3の企業内研究開発に次いで，中間財として買われる機会が増えたことを意味している．

表 3.2 三角化による産業の序列

部門番号	部門名	各部門の年次別序列 1980	1985	1990	1995	変動幅の評価（絶対値） 1980/1985	1985/1990	1990/1995	合計	方向性（順位が↓:−1, ↑:+1） 1980/1985	1985/1990	1990/1995	合計
1	自然科学研究機関	35	42	38	19	7	4	19	30	−1	1	1	1
2	人文科学研究機関	22	10	1	6	12	9	5	26	1	1	−1	1
3	企業内研究開発	26	40	41	56	14	1	15	30	−1	−1	−1	−3
4	広告	28	29	27	29	1	2	2	5	−1	1	−1	−1
5	映画製作・配給業	30	31	29	31	1	2	2	5	−1	1	−1	−1
6	写真業	9	3	4	8	6	1	4	11	1	−1	−1	−1
7	土木建築サービス	47	46	46	46	1	0	0	1	1	0	0	1
8	新聞	32	32	31	33	0	1	2	3	0	1	−1	0
9	出版	43	49	42	27	6	7	15	28	−1	1	1	1
10	情報サービス	41	48	61	61	7	13	0	20	−1	−1	0	−2
11	ニュース供給・興信所	33	34	32	35	1	2	3	6	−1	1	−1	−1
12	法務・財務・会計サービス	27	28	15	26	1	13	11	25	−1	1	−1	−1
13	放送	29	30	28	30	1	2	2	5	−1	1	−1	−1
14	事務用機械	2	19	20	22	17	1	2	20	−1	−1	−1	−3
15	電機音響・TV・ラジオ	13	20	33	36	7	13	3	23	−1	−1	−1	−3
16	電子計算機・同付属装置	10	4	11	18	6	7	7	20	1	−1	−1	−1
17	電子応用装置	4	1	7	23	3	6	16	25	1	−1	−1	−1
18	電気通信機器	20	24	35	4	4	11	31	46	−1	−1	1	−1
19	電気計測器	18	8	8	7	10	0	1	11	1	0	1	2
20	その他の精密機械	14	21	6	16	7	15	10	32	−1	1	−1	−1
21	光学機械	15	11	14	10	4	3	4	11	1	−1	1	1
22	時計	16	9	5	9	7	4	4	15	1	1	−1	1
23	筆記具・文具	38	17	22	24	21	5	2	28	1	−1	−1	−1
24	事務用品	37	16	19	21	21	3	2	26	1	−1	−1	−1
25	印刷・製版・製本	48	51	49	49	3	2	0	5	−1	1	0	0
26	郵便	44	50	48	40	6	2	8	16	−1	1	1	1
27	国内電気通信	34	41	47	62	7	6	15	28	−1	−1	−1	−3
28	国際電気通信	5	12	9	11	7	3	2	12	−1	1	−1	−1
29	その他の通信サービス	12	15	12	14	3	3	2	8	−1	1	−1	−1
30	教育	36	13	10	12	23	3	2	28	1	1	−1	1
31	不動産仲介・管理	40	43	62	28	3	19	34	56	−1	−1	1	−1
32	映画館	11	5	3	9	6	2	6	14	1	1	−1	1
33	農林水産鉱業	62	61	59	59	1	2	0	3	1	1	0	2
34	食料品	51	39	40	34	12	1	6	19	1	−1	1	1
35	繊維製品	53	55	53	48	2	2	5	9	−1	1	1	1
36	木製品	55	53	51	51	2	2	0	4	1	1	0	2
37	パルプ・紙製品	54	52	50	50	2	2	0	4	1	1	0	2
38	化学製品（除く医薬品）	58	56	54	55	2	2	1	5	1	1	−1	1
39	医薬品	7	38	18	17	31	20	1	52	−1	1	1	1
40	プラスチック・皮・ゴム製品	50	54	52	52	4	2	0	6	−1	1	0	0
41	石油・石炭製品	61	60	58	58	1	2	0	3	1	1	0	2
42	窯業・土石製品	52	47	45	45	5	2	0	7	1	1	0	2
43	鉄鋼	57	58	56	54	1	2	2	5	−1	1	1	1
44	非鉄金属・金属製品	56	57	55	53	1	2	2	5	−1	1	1	1
45	電線・ケーブル	24	27	39	44	3	12	5	20	−1	−1	−1	−3
46	一般機械	23	26	37	43	3	11	6	20	−1	−1	−1	−3
47	重電機器	17	22	21	37	5	1	16	22	−1	1	−1	−1
48	半導体素子・電子管	19	23	34	38	4	11	4	19	−1	−1	−1	−3
49	その他の電気機器	21	25	36	42	4	11	6	21	−1	−1	−1	−3
50	輸送機械	8	2	25	3	6	23	22	51	1	−1	1	1
51	その他製造業	39	18	26	25	21	8	1	30	1	−1	1	1
52	建設	46	45	44	41	1	1	3	5	1	1	1	3
53	電気通信施設建設	1	6	16	1	5	10	15	30	−1	−1	1	−1
54	農業サービス	3	7	2	13	4	5	11	20	−1	1	−1	−1
55	電力	59	59	57	57	0	2	0	2	0	1	0	1
56	ガス	25	14	13	20	11	1	7	19	1	1	−1	1
57	上下水道	45	44	43	39	1	1	4	6	1	1	1	3
58	商業	65	62	60	60	3	2	0	5	1	1	0	2
59	金融・保険	66	65	66	66	1	1	0	2	1	−1	0	0
60	不動産賃貸	67	67	65	65	0	2	0	2	0	1	0	1
61	運輸	63	63	64	63	0	1	1	2	0	−1	1	0
62	公務	6	37	24	2	31	13	22	66	−1	1	1	1
63	医療・社会保険・その他	42	36	17	15	6	19	2	27	1	1	1	3
64	物品賃貸	60	64	63	64	4	1	1	6	−1	1	−1	−1
65	その他の対事業所サービス	64	66	67	67	2	1	0	3	−1	−1	0	−2
66	対個人サービス	31	33	30	32	2	3	2	7	−1	1	−1	−1
67	分類不明	49	35	23	47	14	12	24	50	1	1	−1	1

出典：鷲崎 [2001]

3.2 事業者の状況

本節では，電気通信サービスを提供する事業者はどのように分類されているか，日米にどのような差があるか，新規参入者はどの程度出現し，彼らの経営成果はどうか，などについて考察する．

3.2.1 電気通信産業と法規制

電気通信をビジネスとして起こそうとすれば，事業開始に関する規制に服さなければならない．つまり，総務省（旧郵政省）から事業認可を受けるか届出をしなければならない．

この際何を規制の対象とするかで，大別すれば2つの方法がある．つまり設備に着目して，伝送路などを保有してビジネスを行う者と，これを他から借りてビジネスを行う者に分けて，両者に対する規制の程度に差を設ける方法が1つである．もう1つはサービスに着目して，電話サービスを行う者に規制をかけるが，データ系サービスのみを提供する者には規制を課さない，とする方法である．

日本は前者の方法を取り，設備を保有する事業者を第1種電気通信事業者，設備を他から借りて事業を行う者を第2種電気通信事業者（更に，それを特別と一般に分けている）に分け，それぞれに次の**表3.3**ような規制を課している（事業者規制）．

表3.3 我が国における電気通信事業者規制

区　分	規制対象	参入・退出	料　金	その他
第1種		認可	届出（一部認可）公表義務	
	NTT等法による特別規制			役員人事・事業計画認可，研究開発結果開示，ユニバーサルサービス提供義務
第2種	特　別	登録	届出公表義務	
	一　般	届出	規制なし	

一方,アメリカは連邦と州の権限の問題もあり,一貫して電話サービスのみを規制の対象にするサービス規制を実施している.

3.2.2 新規参入者などの推移

独占時代からのサービス提供者であるNTT,KDD(2000年度からはKDDIに統合された)を含めた,電気通信事業者数の推移は**表3.4**のとおりで,参入が容易な一般第2種電気通信事業者数の伸びが著しい.

表3.4 電気通信事業者数の推移(各年度末)

事業者区分 大分類	小分類		1985	1990	1995	1996	1997	1998	1999	2000
第1種	NTT		*1	*1	1	1	1	1	3	3
	NTTドコモなど				9	9	9	9	9	9
	NCC	長距離国際系	3	5	6	6	7	13	22	31
		地域系		7	16	28	47	77	159	275
		衛星系	2	2	4	4	5	6	5	5
		移動系		52	90	90	84	72	51	20
	小 計		7	68	126	138	153	178	249	343
第2種	特 別 (うち国際特別)		9	31	50 (37)	78 (56)	95 (67)	88 (84)	101 (96)	113 (108)
	一 般		200	912	3,084	4,510	5,776	6,514	7,550	8,893
	小 計		209	943	3,134	4,588	5,871	6,602	7,651	9,006
計			216	1,011	3,260	4,726	6,024	6,780	7,900	9,349

* 他に特別法下にあったKDDがあり,小計と合計には加えてある.

出典:総務省[2001a]に筆者が1985,1990年度分を追加

また世界的な業界再編の流れを受けて,事業者間の合従連衡が頻繁に行われている.本稿執筆時点までの動きはおおむね次のとおりである.

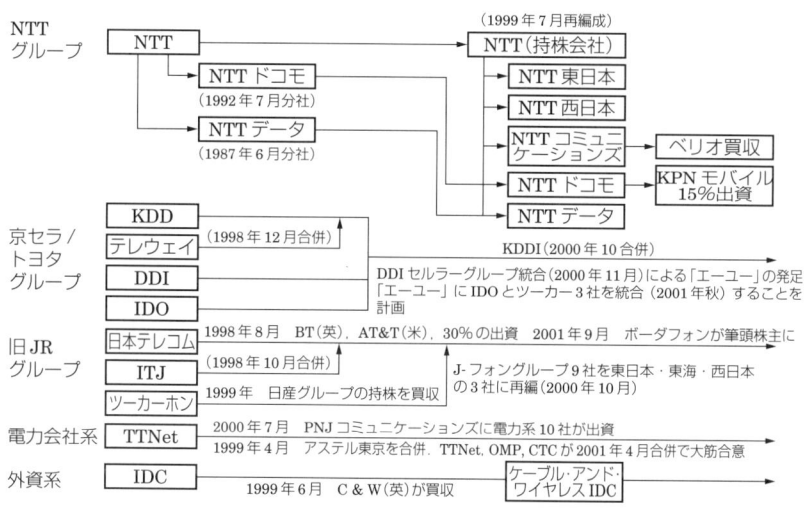

第3章　電気通信事業（1）　市場と事業者の動向

図3.4 日本の通信事業再編

3.2.3 第1種電気通信事業者

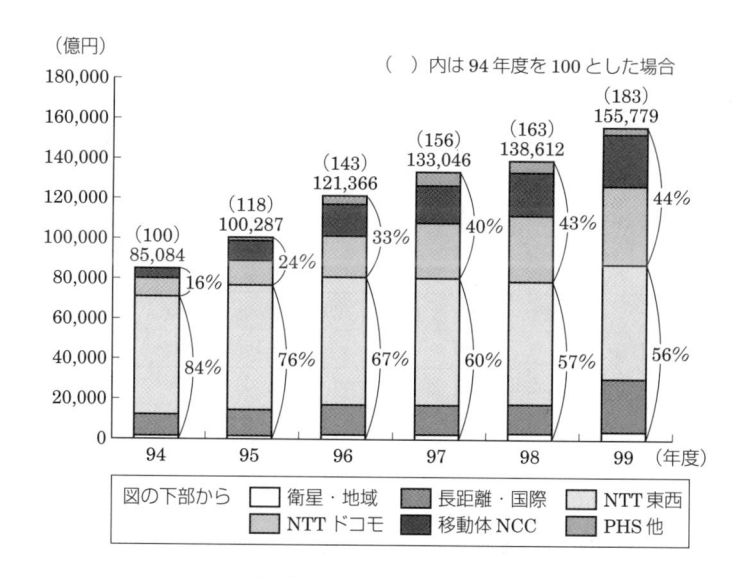

図3.5 第1種電気通信事業市場規模とシェア

市場の伸びとシェアの変化は，**図3.5**のとおりで，
(1) 市場規模が全体として5年で1.8倍と大きく成長していること
(2) 固定通信に対して移動通信のシェアが急増し，ほぼ比肩しうるまでに成長したこと
(3) 固定・移動ともNCCのシェアが漸増していること

などが顕著である．

NCC主要3社の業績は，**表3.5**のとおりで，長距離部門を持つKDDI，日本テレコムが順調に売上と利益を伸ばしているのに対して，地域サービスを主としているTTNetは苦戦している．

表3.5　主な新規参入者の経営状況

(a) KDDI (単位：億円)

年度	1994	1995	1996	1997	1998	1999	2000
営業収益	3,779	4,702	5,578	5,358	6,055	6,326	11,515
経常損益	293	576	677	395	336	586	531
当期純損益	160	298	377	237	168	▲275	265

(注) 1999年度まではDDI．

(b) 日本テレコム (単位：億円)

年度	1994	1995	1996	1997	1998	1999	2000
営業収益	3,048	3,355	3,755	3,919	3,852	4,124	4,775
経常損益	182	419	445	308	232	323	271
当期純損益	100	212	254	154	78	95	120

(c) TTNet (単位：億円)

年度	1994	1995	1996	1997	1998	1999	2000
営業収益	497	566	611	754	1,167	1,808	1,821
経常損益	62	63	45	4	31	▲6	36
累積損益	▲30	2	27	30	32	14	23

出典：各社広報資料及び『有価証券報告書総覧』をもとに作成

3.2.4　第2種電気通信事業者

第2種電気通信事業者を地域別に見ると，関東が半数近くを占めている．また，会社の出自を見ると，従来から委託計算などをやっていた会社は意外

第3章 電気通信事業（1） 市場と事業者の動向

に少なく，その他が3/4を占めていることに象徴されるように，各分野から新規に参入している．また，その提供サービスは，コンピュータ通信すなわちデータ系が主であるが，他に音声電話・専用サービスを併せて提供しているところがある．

表3.6 一般第2種電気通信事業者の概況（2001年3月1日現在）

（a） 一般第2種電気通信事業者の本社所在地ブロック別分類，（ ）内は構成比（％）

ブロック名	事業社数	ブロック名	事業社数	ブロック名	事業社数	ブロック名	事業社数
北海道	246 (2.8)	信越	197 (2.2)	近畿	1,627 (18.5)	九州	536 (6.1)
東北	395 (4.5)	北陸	169 (1.9)	中国	322 (3.7)	沖縄	78 (0.9)
関東	4,224 (48.2)	東海	780 (8.9)	四国	197 (2.2)	合計	8,771社 (100.0)

（b） 一般第2種電気通信事業者の業種別分類，（ ）内は構成比（％）

従来からオンラインの受託計算サービスなどを行っている情報通信事業者	卸売業,倉庫業など流通関係の業務に携わっているもの	宅配貨物などを扱っている運送会社	出版,広告関係の会社	電子機器の製造,販売,ソフトウェアの開発	総合商社	その他	合計
506 (5.8)	312 (3.6)	23 (0.3)	157 (1.8)	860 (9.8)	86 (1.0)	6,827 (77.8)	8,771 (100.0)

（c） 電気通信役務の種類，（ ）内は複数回答計に対する構成比（％）

音声伝送	データ伝送	専用	複数回答計
3,261 (30.6)	6,805 (64.0)	574 (5.4)	10,640 (100.0)

（注） 複数役務の届出をしている事業者があるため，合計数は事業者数を超える．

出典：総務省データから筆者作成

また，その経営状況を分析できるデータは少ない．会社数と全体の売上高は伸びているが，単純な1社平均値をとると年々低下しており，ITブームといっても，このビジネスが必ずしも「金のなる木」ではないことがわかる．

表 3.7 第2種電気通信事業者の営業収益

(単位：億円)

年　度		1995	1996	1997	1998	1999
営業収益	特別	4,237	6,023	2,241	2,468	2,216
	一般	1,956	1,476	5,943	7,219	6,972
	合計	6,193	7,499	8,184	9,687	9,188
年度末会社数		3,260	4,726	6,024	6,780	7,900
単純平均		1.90	1.59	1.36	1.43	1.16

(注) 1998年11月に第2種電気通信事業者の区分見直しが行われたため, 1996年度と1997年度の特別及び一般第2種電気通信事業営業収益の単純比較は不可能.

出典：総務省[2001a]などをもとに筆者作成

本章のまとめ

① 市場の変化：現代電気通信市場は，固定通信から移動通信へ，電話系からデータ系へ，独占体制からNTT, NCCの競争体制へ，といった変化の過程にある．

② このうち事業者に着目すれば，市場自由化の1985年以来9,000社以上が参入したが，大部分は参入が容易な第2種電気通信事業者である．第1種電気通信事業者についてはグローバルな競争環境にあることから，自由化後15年余を経て，業界再編成の気運にある．

③ 第1種電気通信事業者の売上は，総体としては移動体のウェイトが高まっている．また，主要各社の間にも業績の格差が目立つようになっている．

④ 第2種電気通信事業者については，1980年代前半に「VANこそ成長産業」といわれたことが嘘のように，業績は必ずしも好調ではない．

● 理解度の確認 ●

問1. 電気通信事業の変化として，主要なもの3つをあげよ．

問2. 第1種電気通信事業者と第2種電気通信事業者とでは，規制環境にどのよう

な差があるか．

問3. 第1種電気通信事業者の売上は，主としてどのサービスに依存しているか．

問4. 第1種電気通信事業に新規参入した各社の業績は，どのような推移をたどっているか．

問5. 第2種電気通信事業者の主力サービスは何か．また，経営状態はどのように推定されるか．

第 4 章

電気通信事業（2） サービス・料金の動向と利用状況

　本章では，電気通信サービスの内容と変化，料金の値下げ状況・通信量（トラヒック）の変化など，電気通信サービスの中核をなす部分を概観する．

　なお今日では，インターネットサービスなしで電気通信サービスは語れないが，これらは便宜上次章でまとめて分析する．

4.1 サービスの分類

　本節では，電気通信事業者が提供している各種サービスを，主として利用態様に従って分類する．

4.1.1 サービスの種類と歴史

　電話創業以来の各種サービスの展開状況は，**図4.1**のとおりである．

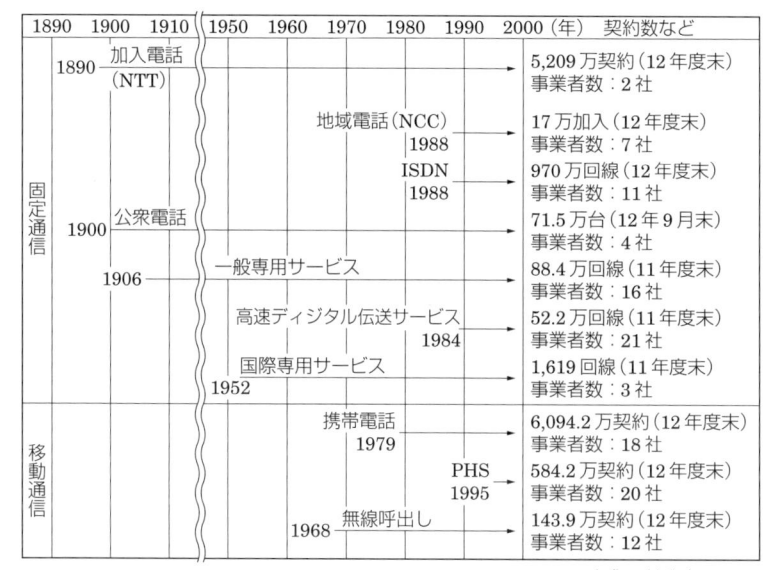

第4章 電気通信事業 (2) サービス・料金の動向と利用状況   41

	1890 1900 1910	1950 1960 1970 1980 1990 2000 (年)	契約数など
固定通信	1890 加入電話（NTT）	→	5,209万契約（12年度末） 事業者数：2社
		地域電話 (NCC) 1988 →	17万加入（12年度末） 事業者数：7社
		ISDN 1988 →	970万回線（12年度末） 事業者数：11社
	1900 公衆電話	→	71.5万台（12年9月末） 事業者数：4社
	1906	一般専用サービス →	88.4万回線（11年度末） 事業者数：16社
		高速ディジタル伝送サービス 1984 →	52.2万回線（11年度末） 事業者数：21社
		国際専用サービス 1952 →	1,619回線（11年度末） 事業者数：3社
移動通信		携帯電話 1979 →	6,094.2万契約（12年度末） 事業者数：18社
		PHS 1995 →	584.2万契約（12年度末） 事業者数：20社
		1968 無線呼出し →	143.9万契約（12年度末） 事業者数：12社

出典：総務省 [2001a]

図 4.1 主要な電気通信サービスの概況

4.1.2 NTTにおける主力サービスの変化

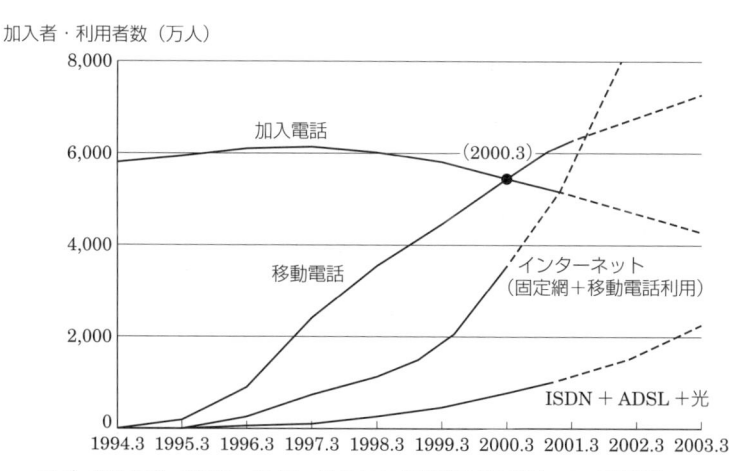

注1) 加入電話, ISDN, ADSL, 光の2000年以降の加入数はNTTの予測値.
 2) 移動電話は, モバイルコンピューティング推進コンソーシアム (MCPC) の予測値.
 3) インターネット（固定網および移動電話利用）は,（株）情報通信総合研究所の予測値.

出典：NTT[2001a]

図 4.2 サービス加入者・利用者数の推移

ユニバーサルサービスとは何か

I. 語源

グラハム・ベルの電話に関する特許が切れた1894年以降，アメリカではベル系電話会社（旧AT&T）が市外設備を独占する一方，市内電話はベル系と独立系電話会社が別個の回線を引いて激しい顧客獲得競争を展開し，1908年には一時的にせよ独立系がベル系を上回った．AT&T側は相互接続拒否や買収，特許権侵害訴訟などで対抗する一方，"One System, One Policy, Universal Service" というスローガンを掲げ，1社独占でなければユニバーサルサービスは実現できないと訴えた（林・田川［1994］）．

しかし，イギリスでさえ電話事業が国有化されたので，AT&Tは1913年に方針転換し，独立系と相互接続することにより営業区域を分けて，平和的に共存することになった．結果として地域独占連合によるユニバーサルサービスの提供が，電話事業全体の産業倫理となった．我が国ではこれを「あまねく公平原則」と唱し，現在では東西のNTTに提供義務が課されている．

II. 定義

国民生活に不可欠で代替性のない私的サービスについて，全国どこに住んでいても，また所得のいかんにかかわらず享受できるようにする仕組み．この義務を課された者は撤退の自由がなくなるが，マージナルな地域や加入者は赤字が普通であるから，この仕組みは何らかの「内部相互補助」（cross-subsidy）と密接不可分ということになる．行政サービスの一部はユニバーサルサービス性を帯びているが，公的機関が提供する場合は，別に「ナショナルミニマム」，「シビルミニマム」と呼ばれることがある．

III. 今日的意義

誕生から1世紀近くになった今日では，この概念は5つの点で挑戦を受けている．

(1) 地域独占を前提に60年以上維持されてきた内部相互補助の仕組みが，1970年代以降の競争の促進によって継続できなくなった．

(2) 先進国の国内システムとして発展したものを，世界的に拡張できないかという論議がある．

(3) 現代的な視点として，従来の概念は電話中心（せいぜいテレビを含める程度）であったが，今後はインターネット接続が必須ではないかとの問題提起がある．なお，この論点は更に広く「ディジタルデバイド」論

第4章　電気通信事業（2）　サービス・料金の動向と利用状況　　43

> につながる深みを持っている．
> (4)　並行して，従来固定式電話がユニバーサルサービスだと考えてきたが，携帯電話や衛星サービスあるいはIPネットワークを，どう位置づけるかという問題がある．
> (5)　この概念は，郵便，鉄道，航空輸送，電力，ガスなど一般に公益事業に拡張可能かという視点がある．

　NTTグループのサービス別契約数の推移を見ると，1997年3月に加入電話（固定電話）がピークを迎え，純減に転ずるとともに，2000年3月にはついに移動電話が固定電話を上回った．この間インターネット用回線として，ISDN，ADSL，光ファイバ接続などが急速に伸びている．また，これら設備を使ったインターネット利用者数は，幾何学的な伸びを示し，2000年度中には固定電話を抜き，2001年度中には移動電話契約数を抜くものと予想されている．

4.1.3　NTTにおけるサービス別収支状況

　サービス別収支の公表義務があるNTT各社のデータを使って，どのサービスが儲け頭であるかを見ていく．実はグループ各社の業績は相次ぐ値下げ競争により，かつてのように輝いたものではなく，相当に落ち込んでいる．

　まず，NTT西日本については，儲け頭というような主力商品はなく，ほとんどが赤字か，良くても収支スレスレである．しかもこれは営業損益ベースであるから，税金や配当などを考えると，抜本的なリストラは不可避の状況にあり，法的に義務づけられているユニバーサルサービス（談話室参照）の確保すら危ぶまれている．

　NTT東日本は，これに対して相対的に良好な状況にある．しかし，電話事業は既に赤字であり，インターネット用回線サービスも収支トントンで，まだ電話に代替する力はない．辛うじて大企業向け専用サービスで稼いでいるが，これは最も競争にさらされやすい分野であり，こちらもリストラが不可避とされている．

　NTTコミュニケーションズは，利益率の高い長距離・国際の専業者で，当面は電話の黒字で生き延びているが，データ伝送を早く稼ぎ頭に育てないと，先行きに不安が残る状況である．

表 4.1 NTT東日本・西日本・コミュニケーションズ（コム）におけるサービス別営業損益（2000年度決算）　　（単位：億円）

会社別	役務	音声伝送	うち電話	うち総合ディジタル通信	データ伝送	専用	電報	計
NTT東	収益	21,204	15,497	5,698	93	3,811	378	25,486
	費用	21,201	15,519	5,674	195	3,429	375	25,201
	利益	3	△22	24	△102	382	3	285
NTT西	収益	20,512	15,609	4,888	89	3,018	410	24,029
	費用	21,389	16,216	5,156	186	3,073	408	25,057
	利益	△877	△607	△268	△98	△55	2	△1,028
NTTコム	収益	7,594	5,002	/	2,544	2,305	10	12,453
	費用	6,742	4,429	/	2,910	1,925	5	11,583
	利益	852	572	/	△366	379	5	870

（注）四捨五入のため，端数が一致しない場合がある．

4.2 料金の（値下げ）状況

本節では，電気通信サービスの料金が，技術革新の成果を生かして，いかに改定（値下げ）されていったかを分析する．我が国の諸物価は国際的にも割高とされ，「内外価格差」が問題とされることが多かった．電気通信もその例外ではなかったが，現状はどうであろうか．

4.2.1 国内・国際電気通信料金（固定電話）

まず，我が国全体の物価動向を見るため，「物価指数月報」（日本銀行）により，1995年の企業向けサービス価格指数を100とすると，2000年第4四半期時点の総平均は96.7と，経済全体のデフレ傾向を反映して0.3ポイント低下している．

一方，国内・国際電気通信の価格指数は86.3と，2.5ポイント低下しており，国内・国際電気通信の価格指数は総平均に比べて，低下が進んでいる．品目別に見ても，国内・国際電気通信のすべての項目で，95年から価格指数が低下している．

また，国内電話について，85年4月の電気通信自由化時の料金と比較すると，東京－大阪間の通話料金が最大95％，国際電話料金についても，日米間で最大約95％の大幅な低廉化が見られる．

第4章 電気通信事業(2) サービス・料金の動向と利用状況

	95	96	97	98	99	2000	
─○─ 総平均	100.0	98.1	99.5	97.9	97.0	96.7	①
─□─ 国内・国際電気通信全体	100.0	95.8	94.4	89.6	88.8	86.3	②
─△─ 国内電話	100.0	97.1	95.3	90.3	90.1	87.7	③
─◇─ 国際電話	100.0	86.0	84.1	69.3	57.3	54.3	④
─●─ ISDN	100.0	93.3	90.0	82.9	82.6	78.3	⑤
─■─ データ伝送	100.0	94.6	95.8	95.4	94.5	94.5	⑥
─▲─ 国内専用線	100.0	89.9	91.6	91.5	90.4	87.6	⑦
─◆─ 国際専用線	100.0	99.2	99.2	99.2	98.7	91.9	⑧

＊ 国内電話等は各種割引料金を採用．

出典：総務省 [2001a]

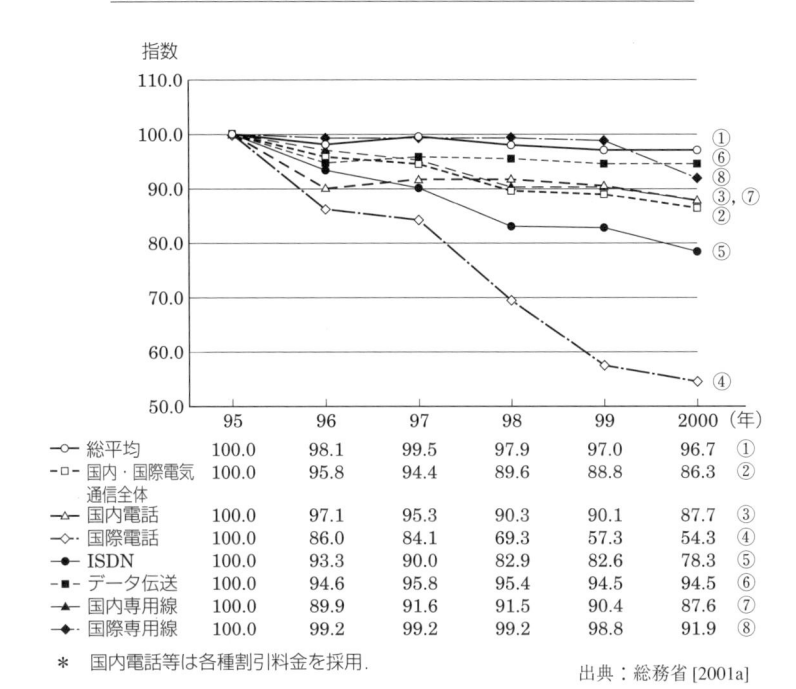

図 4.3 企業向けサービス価格指数（国内・国際電気通信）の推移（1995年平均を100とする）

一方，市場自由化の際は，市外通話の値下げに対応して市内通話料金を値上げする（リバランス）ことが多いが，日本ではリバランシングなしに競争が行われた．その結果，市内料金は長期に一定であったが，電話会社事前登録制（いわゆるマイライン，99年5月実施）もあって各社が値下げを開始し，現在は15％程度の値下がりとなっている．

4.2.2 移動通信料金

同様の方法で移動通信の価格を計算すると2000年第4四半期で指数は57.1と，5年で約43ポイント低下している．このように，移動通信の価格指数は企業向けサービス価格指数の総平均に比べて，過去数年間にわたり大幅に低下していることがわかる．

品目別に見ると，特に大幅に低下しているのは携帯電話の価格指数であり，99年第4四半期において，95年からほぼ半減の51.5と大きく低下しており，移動通信全体の価格指数の低下の要因となっている．また，PHS及び無線呼

46　　　　　　　　　　　電子情報通信産業

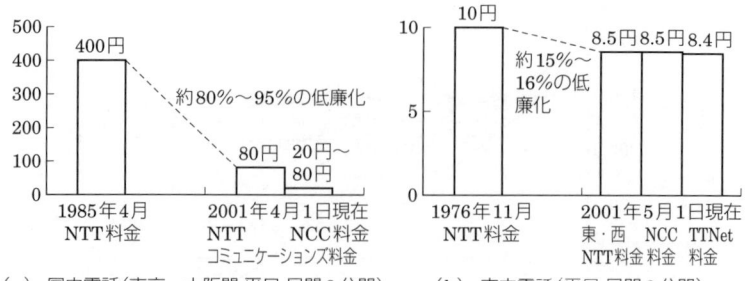

(a) 国内電話(東京-大阪間 平日 昼間3分間)

- 1985年4月 NTT料金: 400円
- 2001年4月1日現在 NTTコミュニケーションズ料金: 80円
- NCC料金: 20円～80円
- 約80%～95%の低廉化

(b) 市内電話(平日 昼間3分間)

- 1976年11月 NTT料金: 10円
- 2001年5月1日現在 東・西NTT料金: 8.5円
- NCC料金: 8.5円
- TTNet料金: 8.4円
- 約15%～16%の低廉化

(c) 国際電話(日-米間 平日 昼間3分間)

- 1985年4月 KDD料金: 1,530円
- 2001年4月1日現在 KDDI料金: 180円
- NCC料金: 75円～180円
- 国際公専公料金 2000年12月末現在: 100円～230円
- インターネット電話料金 2000年12月末現在: 75円～127円
- 約88%～95%の低廉化

出典：総務省 [2001a]

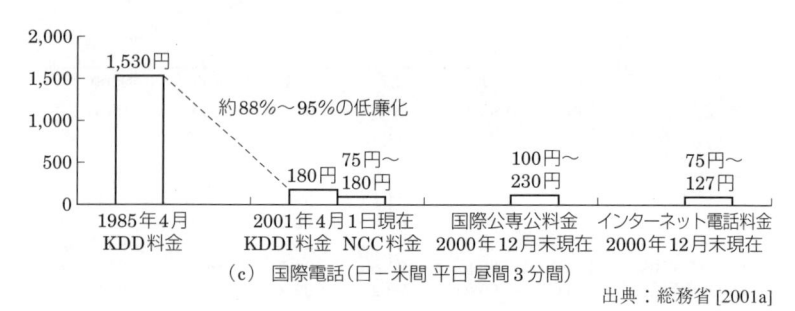

図4.4 国内電話, 国際電話料金の低廉化の例

	7	8	9	10	11	12 (年)	
―○― 総平均	100.0	98.1	99.5	97.9	97.0	96.7	①
―□― 移動通信全体	100.0	82.3	67.3	63.1	58.9	57.1	②
―△― 携帯電話	100.0	79.0	61.4	56.6	53.6	51.5	③
―●― PHS	100.0	94.2	91.1	90.7	90.7	90.3	④
―■― 無線呼出し	100.0	98.9	96.9	95.2	84.2	84.2	⑤

＊ 携帯電話等は各種割引料金を採用.

出典：総務省 [2001a]

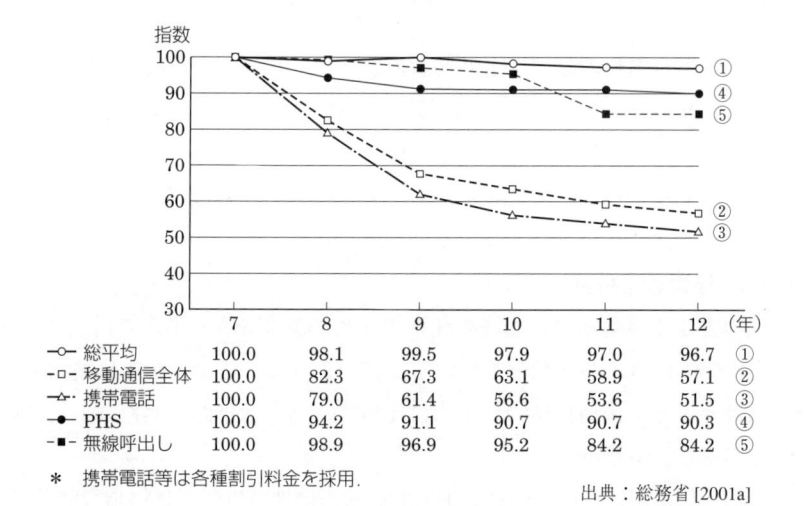

図4.5 企業向けサービス価格指数（移動通信）の推移（1995年平均を100とする）

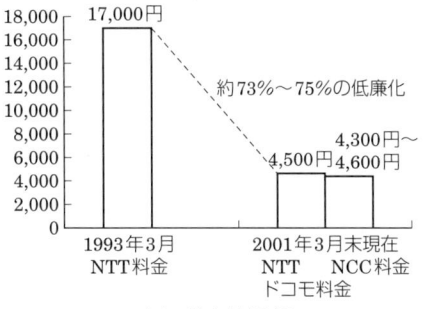

第4章 電気通信事業 (2) サービス・料金の動向と利用状況　　47

(a) 基本料(月額)

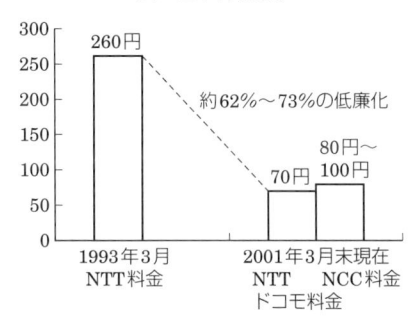

- 1993年3月 NTT料金: 17,000円
- 2001年3月末現在 NTTドコモ料金: 4,500円
- 2001年3月末現在 NCC料金: 4,300円〜4,600円
- 約73%〜75%の低廉化

(b) 通話料(携帯-加入,県内平日昼間3分間)

- 1993年3月 NTT料金: 260円
- 2001年3月末現在 NTTドコモ料金: 70円
- 2001年3月末現在 NCC料金: 80円〜100円
- 約62%〜73%の低廉化

出典:総務省[2001a]

図 4.6　携帯電話料金の低廉化

出しについても,95年に比べると,それぞれ9.7ポイント,15.8ポイント低下している.

なお,800 MHzディジタル方式の携帯電話サービスが開始された93年3月の料金と比較すると,携帯電話の基本料は最大約75%,通話料は最大約73%と大幅に低廉化している.また,各事業者において基本料と通話料をセットにした料金設定など,さまざまな料金設定がなされている.

電話料金の内外価格差　　　　談話室

　電気通信サービスの料金については，諸外国との間に格差があるとして，「内外価格差」が話題になることが多い．その実態はどうなのだろうか．

　総務省 [2001a] によれば，OECDモデルによる計算では，東京は住宅用・事務用とも先進各国の都市に比べて高い水準にあるという．このモデルは，国内電話料金のバスケットとして，固定料金（年間基本料金＋新規加入料×1/5）＋従量料金（OECD設定の利用パターン）を用いているので，前者が高いことが即「日本が高い」ことにつながっているようである．

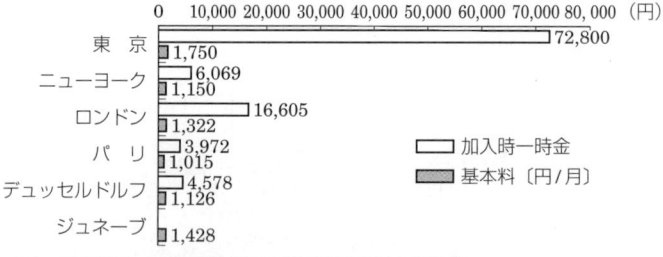

都市	加入時一時金	基本料〔円/月〕
東京	72,800	1,750
ニューヨーク	6,069	1,150
ロンドン	16,605	1,322
パリ	3,972	1,015
デュッセルドルフ	4,578	1,126
ジュネーブ	—	1,428

*1　基本料は，NTTの住宅用3級局の基本料との比較．
*2　諸外国では，料金のリバランスが進行中であり，アメリカやフランスでは基本料についてユニバーサルサービス基金などによる補填がある．
*3　加入時一時金について，ジュネーブは非公表．

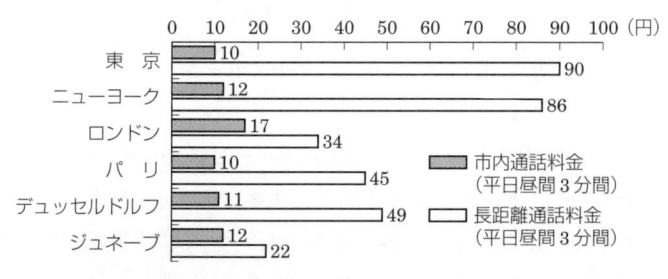

都市	市内通話料金（平日昼間3分間）	長距離通話料金（平日昼間3分間）
東京	10	90
ニューヨーク	12	86
ロンドン	17	34
パリ	10	45
デュッセルドルフ	11	49
ジュネーブ	12	22

*1　市内通話料金
　(1) NTT東日本の区域内通話料金との比較．
　(2) 市内通話料金の対象区域の大きさについては，各都市ごとに異なる．
　(3) ニューヨークは，1通話当たりの料金．
*2　長距離通話料金
　(1) NTTコミュニケーションズの最遠距離料金と各国の最遠距離料金との比較．
　(2) 最遠距離は各国によって異なる．アメリカでは距離に無関係な時間単位の料金体系（フラット料金）の導入が見られる．

出典：総務省 [2001a]

図 4.7　個別料金による内外価格差の比較（1999年度）

因みに同書も,「個別料金で見ると,加入者一時金,基本料及び長距離通話料金は高い水準にあるが,市内通話料金は最も安い水準にある」としている.

しかし実は,インターネットとの関連で料金の高低が問題になるのであれば,国内専用線のほうをこそ重視しなければならない.ここでも,OECDモデルは専用料金バスケットとして,OECD設定の品目・距離別本数による月額料金の合計額を指標としている.

これによれば,「アナログ音声級回線については東京はやや高い水準」にあり,ディジタル回線については「64 kbps は最も安い水準にあるものの,1.5 Mbps は他の5都市と比較して東京は最も高い水準」にある(総務省[2001a]).

このように,料金比較は,なかなか一筋縄ではいかないのである.

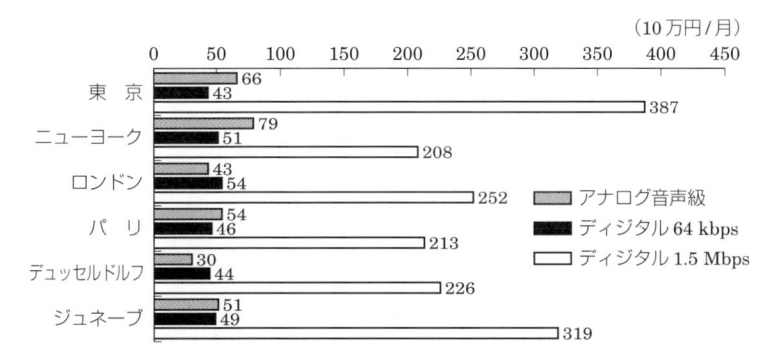

```
                                     (10万円/月)
     0   50  100  150  200  250  300  350  400  450
東 京   66
        43
                                               387
ニューヨーク  79
             51
                            208
ロンドン   43
          54
                                252
パ リ    54
         46
                              213
デュッセルドルフ 30
              44
                                226
ジュネーブ   51
           49
                                        319
```

凡例: アナログ音声級 / ディジタル 64 kbps / ディジタル 1.5 Mbps

*1 各国とも1年契約の料金を採用(1年契約がない場合は期間の定めがない料金).
*2 ディジタル 64 kbps の東京の料金は,ディジタルアクセス 64 を利用した場合(一般回線を利用した場合は,1,160 万円/月となる).
*3 ディジタル 1.5 Mbps の東京の料金は,ディジタルアクセス 1500 を利用した場合(一般回線を利用した場合は,6,900 万円/月となる).
*4 調査年度・都市によりバックアップや故障普及対応などのサービス品質水準が異なる場合がある.

出典:総務省[2001a]

図 4.8 OECDモデルによる専用料金の比較(1999年度)

4.3 通信(トラヒック)の動向

本節では,通信トラヒックはメディア間(固定/移動別など)地域間などで,どう流れており,変化の動向はどうかなどについて考察する.

4.3.1 メディア間相互通信状況

表4.2 メディア間相互通信状況

メディア間	1998年度	1999年度	増 減
加入電話など相互間	68.2%	63.9%	－4.3ポイント
加入電話などと携帯電話またはPHS相互間	18.3%	17.9%	－0.4ポイント
携帯電話またはPHS相互間	13.5%	18.1%	4.6ポイント

*1 「加入電話など」発の数値には,「公衆電話」,「ISDN」発の数値が含まれている.
*2 「加入電話など」着の数値には,「ISDN」,「無線呼出し」着の数値が含まれている.

出典:総務省[2001a]のデータから筆者作成

　加入電話相互通信量が依然として全体の64％を占めているが,その比率は前年から5ポイント近く減少した.代わりに,携帯電話またはPHSの相互通信料が,全体の18％を超えるまでに成長した.

4.3.2 固定電話の利用状況

　固定電話は,その普及が一巡して純減に転じたことは既に述べたが,その1台当たり利用度も横ばいないし純減傾向にある.

表4.3 固定電話1回線1日当たり通話時間

年　度	1990	1991	1992	1993	1994	1995	1996	1997	1998
通話時間(分)	10.5	10.6	10.6	10.7	10.9	10.5	10.4	10.1	10.0

出典:総務省[2001b]をもとに筆者作成

　日本の現状はアメリカ以外の先進諸国とほぼ同じ水準であるが,アメリカだけは2倍以上と飛び抜けて大きい.これがアメリカに固有の事情(例えば,国土が広く時差もある)によるものかどうかは,なお検討が必要である.

4.3.3 時間帯別通信回数と通信時間

(1) 固定電話の場合

　時間帯別利用状況について,事務用は12時から13時までの時間を除き,9時以降18時までの日中の時間帯において通信回数が多い.一方,住宅用では,18時以降の時間帯の通信回数が多く,18時から21時の間にピークを迎える.加入電話全体では,事務用の傾向が全体に反映されている.

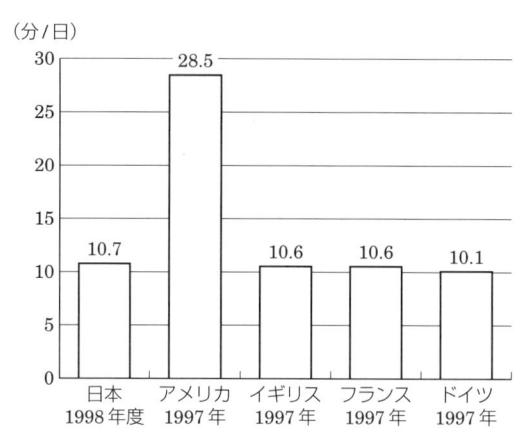

第4章　電気通信事業（2）　サービス・料金の動向と利用状況

(注) 日本は全事業者の平均，アメリカは主要事業者の平均（FCC資料による），イギリスはBritish Telecom，フランスはFrance Telecom，ドイツはDeutsche Telecomのデータ．

出典：郵政省電気通信局「トラヒックからみた電話等の利用状況　平成10年度」

図 4.9　1回線当たり1日の通話時間

凡例：
- 加入電話全体（長距離系ISDNを含む）
- 東・西NTT住宅用
- ISDN通信モード（長距離系のISDN含まず）
- 東・西NTT事務用
- ISDN通話モード（長距離系のISDN含まず）

出典：総務省 [2001a]

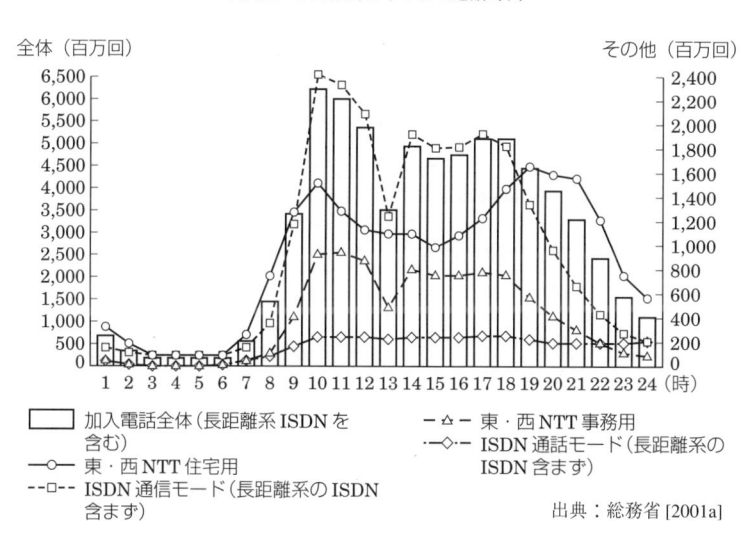

図 4.10　時間帯別通信回数（加入電話）

また，ISDN通話モードでは，ほぼ事務用の傾向と類似しており，事務用の利用が多いものと考えられる．また，通信モードでは特殊な傾向を示しており，深夜でもあまり比率が変わらない．

時間帯別通信時間について見ると，加入電話全体では，通信回数とは逆に住宅用の傾向が全体に反映されている．事務用は，通信回数と同様に12時から13時を除き，9時以降18時までの日中時間帯において通信時間が長い．一方，住宅用の通信時間は，20時以降の夜間の時間帯において，日中時間帯にピークを迎える事務用の通信時間を大幅に上回っている．

ISDN通話モードは，通信回数同様，事務用の傾向に類似しており，またISDN通信モードでは23時以降にピークがあり，特徴的な傾向を示している．

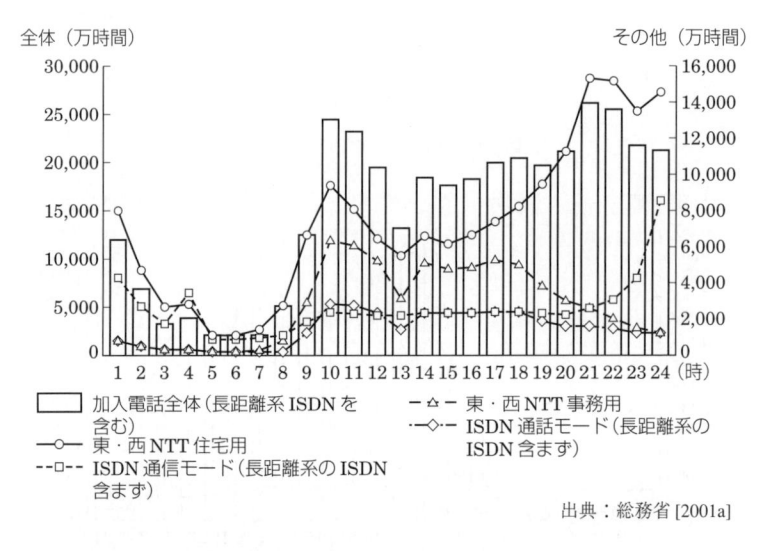

図 4.11　時間帯別通信時間（加入電話）

（2）携帯電話・PHSの場合

通信回数については，朝の7時から10時にかけて急速に利用が増加している点では加入電話と同様であるが，携帯電話・PHSは12時から13時の時間帯にも大きな減少は見られない．

また，事務用加入電話が18時以降急速に減少しているのに比べて，携帯電話では18時から19時の間にピークを迎え，PHSの場合には19時以降も急速

には減少せず，23時がピークとなっている．

住宅用加入電話が夜間の利用を反映して20時から22時頃にピークが生じているのに比べ，PHSは20時以降急激に伸びて，その後23時から24時の間にピークを迎えている．同様に携帯電話も23時から24時の間にピークを迎えており，特定の利用者間での発着信が可能な携帯電話及びPHSの特性が現れたものと推測される．

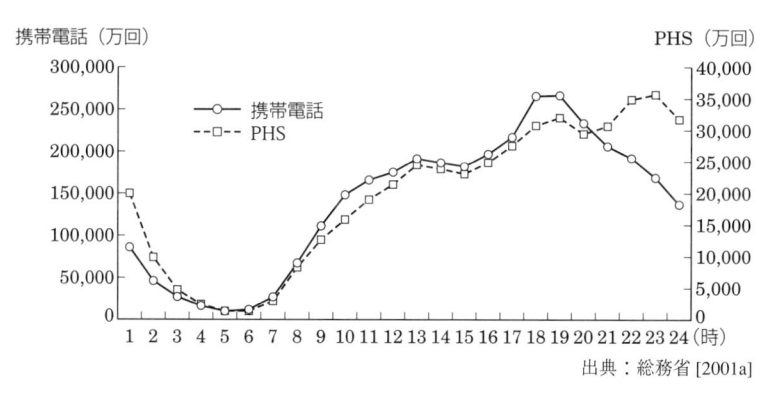

図 4.12 時間帯別通信回数（携帯電話・PHS）

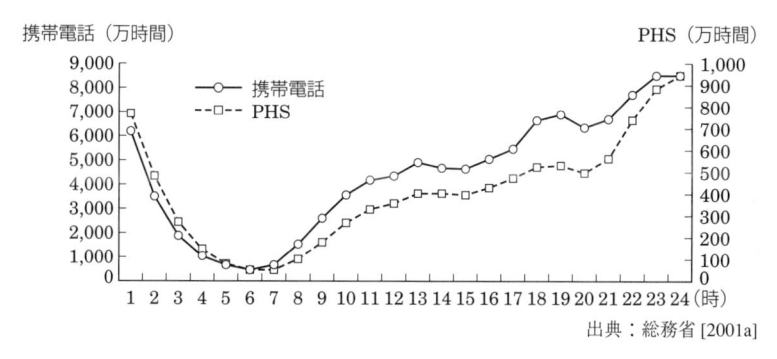

図 4.13 時間帯別通信時間（携帯電話・PHS）

4.3.4 通信圏

固定電話，移動電話ともに区域内及び隣接区域内（移動の場合，営業区域内及び隣接県）への通信の比率が高くなっている．

54　電子情報通信産業

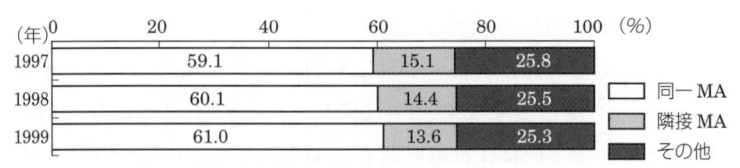

	1997	1998	1999
同一MA	59.1	60.1	61.0
隣接MA	15.1	14.4	13.6
その他	25.8	25.5	25.3

＊ 固定系通信は加入電話とISDNを合算して算出．

(a) 固定系通信における通信圏の推移（全国平均，通信回数）

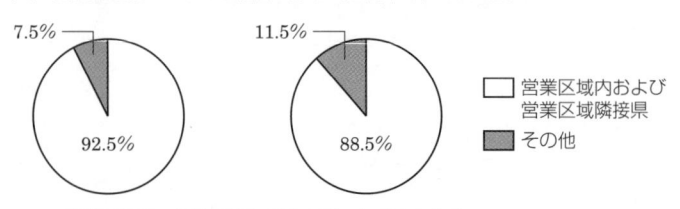

- 左円グラフ：営業区域内および営業区域隣接県 92.5%，その他 7.5%
- 右円グラフ：営業区域内および営業区域隣接県 88.5%，その他 11.5%

＊ 携帯電話発，加入電話など着のデータのみで作成．
(b) 距離区分別通信回数および通信時間（携帯電話）

出典：総務省 [2001a]

図 4.14 通信圏の分析

本章のまとめ

① 電気通信の中心的サービスは，少なくとも第2次世界大戦後一貫して固定式音声電話であったが，近年に至り構造変化が見られる．

② 携帯電話は，既に固定電話と対等の地位を占めるまでになった．しかし，データ系サービスがビジネスとして成り立ち，電話にとって代わるまでには至っていない．

③ 技術革新の成果を生かして，近年ほとんどすべてのサービスで値下げ傾向が著しい．しかし，諸外国に比較すれば，固定電話の加入時一時金や専用線料金など，割高感が強いサービスもある．

④ トラヒックの動向を見ると，依然として固定電話相互間が60％以上であるが，移動電話相互間も20％に近づいている．固定電話は1日当たり10分程度しか使われておらず，アメリカの半分以下である．

⑤ 時間帯別通信回数の通信時間には，固定電話・移動電話それぞれの特徴が見られる．しかし，対地別には，いずれも近隣への通信が80％近い．

第4章　電気通信事業（2）　サービス・料金の動向と利用状況

● **理解度の確認** ●

問1．電気通信事業の主力サービスは何か．またそれは，今後とも不変か．

問2．ユニバーサルサービスとは何か．

問3．料金の相次ぐ値下げによって，日本の通信料金は先進国と同程度の水準になったか．

問4．固定電話相互間，移動電話相互間の通信量は全体のどの程度の比率か．この比率と第3章にある両者の売上比率を比べてみよ．差があるとすれば，その原因は何か．

問5．時間帯別通信回数や通信時間のデータから，固定電話，移動電話などの利用者の生活スタイルを想像してみよ．

第5章

インターネット関連事業

　インターネットの源流であるARPANET（Advanced Research Project Agency-NET）は1960年代末まで遡る．更にその主体であるARPAの設立は，1957年のことである．また，インターネットが今日のような形で普及したのは，1991年のWWW（World Wide Web）の開発と1993年のモザイク以降のブラウザソフトの開発によるところが大きく，ごく数年のことである．

　しかし，既に前2章で見たように「インターネットなくして電気通信事業はない」ともいえるほどの存在になっている．本章では，この急展開するインターネットを種々の視点から考察する．

　なお，本章は主として電気通信事業の一種としてのインターネット関連事業を対象にし，e-commerceなどについては第9章でまとめて触れることにする．

5.1 インターネットの歴史と成長

　本節では，インターネットの源流であるARPANETから始まって，今日の急成長を遂げるまでの歴史を概観し，現在の日本における利用状況を推計する．

第5章 インターネット関連事業

5.1.1 インターネット略年史

表 5.1　インターネット略年史

年	内容
1969	ARPANET が DoD（DARPA）により構築される．目的は，旧ソ連の核攻撃に備えて，有事の際にもネットワーク全体がダウンしないコンピュータネットワークを構築することであった．そのために，「パケット交換」という通信方式が採用された．
1975	DARPA で通信プロトコル TCP/IP が開発され，試運用開始．
1982	TCP/IP は UMX4.2BSD の標準プロトコルとなる．
1983	ARPANET は，軍事以外の大型コンピュータ利用者向けの ARPANET，軍事用コンピュータ利用者向けの MILNET に分離．通信プロトコルは両 NET とも TCP/IP であるので，秘密情報以外は共有，交換していた．
1986	ARPANET に接続する形で NSFNET 構築．目的は，NSF 管轄のスーパーコンピュータを多くの研究者に共用させること．バックボーンは 56 kbps．このころにインターネットの骨格が完成．
1987	NSF は NSFNET の運営を Merit 社に委託．
1988	NSFNET のバックボーンネットワークの回線速度は T1（1.544 Mbps）となる．
1989	ARPANET 消滅．
1990	商用インターネット会社（プロバイダ）がインターネット接続サービスを開始．プロバイダにお金を払って接続すれば，研究以外の情報を流すことが可能になる．
1992	NSFNET のバックボーンネットワークの回線速度は T3（45 Mbps）となる．
1993	イリノイ大学の NCSA がブラウザ「Mosaic」を開発．
1994	NSFNET 消滅，NREN に変わる． Netscape 社「Netscape Navigator 1.0」を発表．
1995	Microsoft 社「Internet Explorer」を発表．
1996	Clinton 大統領，次世代インターネット計画 NGI（Next Generation Internet）を発表．現在のインターネットの 1,000 倍以上の転送能力（1 Gbps 以上）を目指す．
1998	アメリカ政府，ドメイン名の配布を希望する企業各社の認証を監督する組織として ICANN を設立．
1999	アメリカの大学 135 校が参加している次世代超高速インターネットプロジェクト「Internet2」バックボーン回線開通．

出典：日本電子計算機 [2001]

5.1.2 インターネットの急成長

電話やファックスのように，通信相手が多ければ利便が向上するサービスを，一般にネットワーク型サービスと呼ぶ．この種のサービスの場合，初期の段階である閾値（Critical Mass：CM）を超えると勢いがついて普及が早

まるが，CM突破前は逆に普及に時間がかかるので，普及率50％を超えるのに長い年月を要する．

従来型の電子情報通信サービスとインターネットを並べ，普及率10％（これが一般的にCMと思われている）に達するのに何年を要したかという調査によれば，図5.1のように，インターネットはわずか5年と，他のネットワーク型サービスとは異質の動きをしていることがわかる．

なお，こうした比較のアイディアになったと思われるアメリカの調査では，

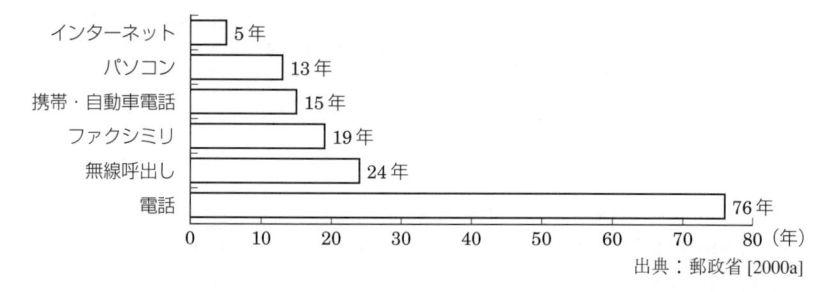

```
インターネット   5年
パソコン       13年
携帯・自動車電話 15年
ファクシミリ    19年
無線呼出し     24年
電話         76年
```

出典：郵政省[2000a]

図5.1 我が国における主な情報通信メディアの世帯普及率10％達成までの所要時間

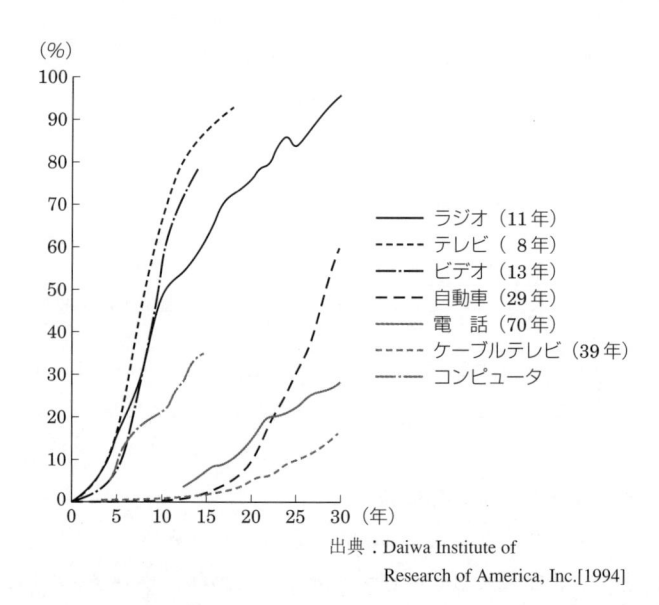

ラジオ（11年）
テレビ（ 8年）
ビデオ（13年）
自動車（29年）
電　話（70年）
ケーブルテレビ（39年）
コンピュータ

出典：Daiwa Institute of Research of America, Inc.[1994]

図5.2 アメリカにおける家庭用機器の普及状況（普及率50％達成までの所要時間）

インターネットの始期が不明（1969年と見られるが）なこともあって，コンピュータの普及をもって代表させており，日本ほどの顕著な傾向を示していない．

5.1.3 我が国におけるインターネット利用者

インターネットの利用者数は近年急増し，2001年6月時点で利用人口3,000万人を超えたことは確実である．しかし，その実態となると確たる統計はなく，調査機関によって表5.2に示すように大幅な開きがある．

表5.2 日本のインターネット人口

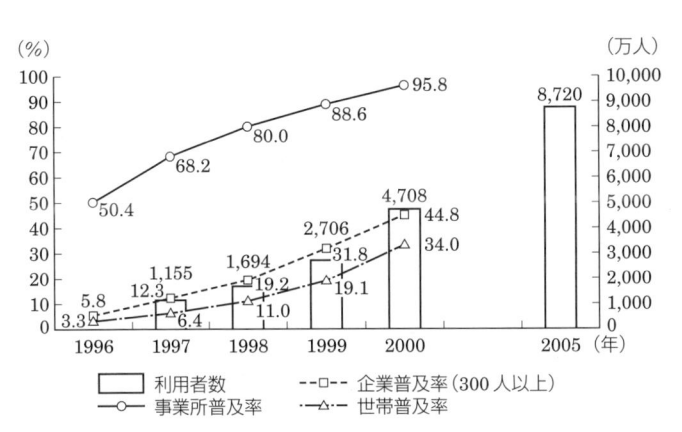

調査機関	利用人口（万人）	対前年増減率（％）	調査時期	出　所
総務省	4,708	74	2000年末	2001年情報通信白書
日本インターネット協会＋インプレス（アクセス・メディア・インターナショナル）	3,263.6	68	2001年2月	インターネット白書
Nielsen/Netratings	3,010	47	2001年6月末	月間インターネット人口 http://www.netratings.co.jp

*1 事業所は全国の（郵便業及び通信業を除く）従業者数5人以上の事業所．
*2 「企業普及率（300人以上）」は全国の（農業，林業，漁業及び鉱業を除く）従業者数300人以上の企業．

出典：総務省[2001a]

図5.3 我が国におけるインターネットの普及状況

『情報通信白書』の数値は，談話室にもあるとおり，いささか過大評価との批判もあるが，ドッグイヤーで進むインターネットの世界では過大評価であったとしても，現実がすぐに追いついてくるので，ここでは同白書の数値を使っておく．

談話室

インターネット普及率にも官民格差？

2000年7月に発行された『インターネット・ビジネス白書』（インターネットビジネス研究会［2000］）に次のようなくだりがある．

「日本におけるインターネット利用者数については，リサーチ会社やシンクタンクなどが独自の調査を行っているが，そのたびに利用者数が依然として急激に増加していることを裏付ける結果が発表されている．

民間各社の調査結果を時系列にせまってみると，日経BPインターネット視聴率センターでは（中略）1999年3月時点で1,280万人，また，日本リサーチ

（万人）
3,000
2,500 ... 2,706
2,000 ... 通信白書　インターネット白書　1,937.7　1,978
1,500 ... 1,508.5　1,694　1,580　1,917　Nielsen/Netratings
1,155　1,009.8　1,250　日本リサーチセンター
1,000 ... 860　1,150
690　734.5　970　日経BP社
500　571.8
0
1996.12 ～ 2000.06（年/月）

─○─ 通信白書　--□-- インターネット白書　--△-- 日経BP
--◇-- 日本リサーチセンター　--×-- Nielsen/Netratings

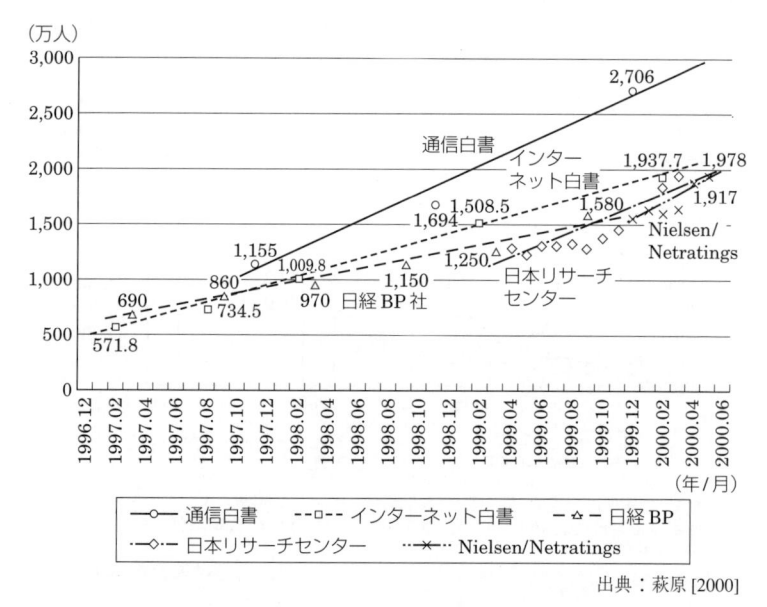

出典：萩原［2000］

図 5.4　インターネット人口の予測機関による差

第5章 インターネット関連事業

センターオムニバスサーベイ（NOS）では（中略），1999年5月時点の利用者を1,243万人としている．1999年6月に出版された『インターネット白書'99』では，インターネット利用者数は，1年前に比べ49.4％増加し，1,508万人になったと記載されている．

ところが，『平成11年版通信白書』では，1998年11月時点のインターネット利用者数を約1,700万人と記しており，大きな波紋を投げかけた．『通信白書』の発表直後に，在日の外国人ジャーナリストから，1,700万人という数字の算出根拠を疑う声が上がり，海外のマスコミで取り上げられるなどの騒ぎになった．」

これがいわゆる「官民格差」問題である．

この原因を詳細に分析し，比較調査をした萩原［2000］は，「Internet Watch」上に図5.4のような比較表を掲載した．自由な市場での調査・分析には，これだけの努力が必要だということを示す1つの例として紹介しておく（本書のデータも，それに近い努力をして集めたものだということがおわかりいただければ，幸いである）．

5.2 インターネットの利用形態

本節では，インターネット利用者がどのような端末とアクセス回線を用いているか，またISPはどこを使っているかなどについて分析する．

5.2.1 端末別に見た個人のインターネット利用形態

パソコンの出荷台数の増加に伴い，パソコンからのインターネット利用者数は順調に増加し，全体の80％近くになっている．それに加えて，99年2月から開始された携帯電話・PHSからの利用者数の急激な伸びが，インターネット利用者の増加を押し上げる要因となっている．

5.2.2 アクセスネットワーク

自宅から利用しているユーザの半数はアナログ回線で，これにISDNによるダイヤルアップを加えると85％程度になり，常時接続やブロードバンド回線利用者はなお少数派である．

ただし2001年秋口からADSL（Asymmetric Digital Subscriber Line）が急速な伸びを示し，100万以上の利用者を獲得したことが注目に値する．

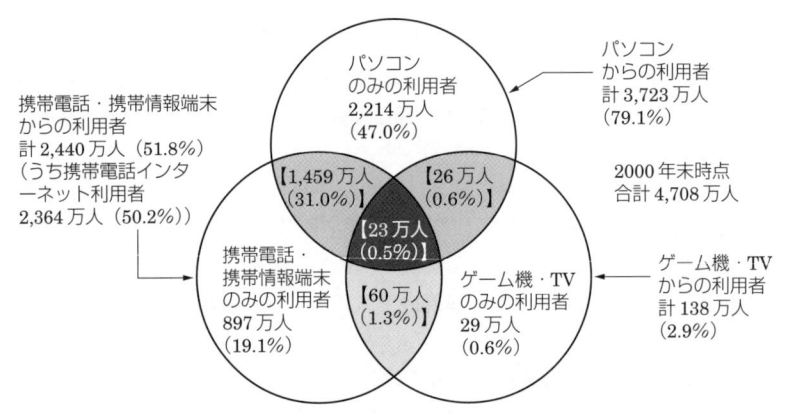

62　電子情報通信産業

パソコン
のみの利用者
2,214万人
(47.0%)

パソコン
からの利用者
計3,723万人
(79.1%)

携帯電話・携帯情報端末
からの利用者
計2,440万人（51.8%)
(うち携帯電話インターネット利用者
2,364万人（50.2%))

【1,459万人
(31.0%)】　【26万人
(0.6%)】

2000年末時点
合計4,708万人

【23万人
(0.5%)】

携帯電話・
携帯情報端末
のみの利用者
897万人
(19.1%)

【60万人
(1.3%)】

ゲーム機・TV
のみの利用者
29万人
(0.6%)

ゲーム機・TV
からの利用者
計138万人
(2.9%)

【　】内は，3つの円の重なりの部分の人数．（　）内は，15歳以上79歳以下のインターネット利用者に占める割合．なお，端数処理のために，一部合計値が一致しない箇所がある．

出典：総務省[2001a]

図 5.5　端末別に見た個人のインターネット利用者数・比率

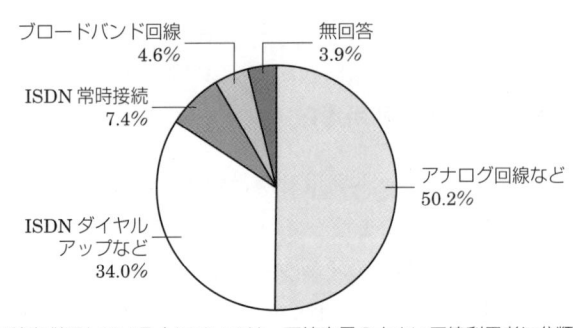

ブロードバンド回線
4.6%

無回答
3.9%

ISDN 常時接続
7.4%

アナログ回線など
50.2%

ISDN ダイヤル
アップなど
34.0%

*1　複数種の回線を併用している人については，回線容量の大きい回線利用者に分類．
*2　回線種別の分類は，それぞれ以下のとおり．
　　「アナログ回線など」：アナログ回線によるダイヤルアップ，携帯電話（64 kbps 未満）
　　「ISDN ダイヤルアップなど」：ISDN 回線ダイヤルアップ（常時接続を除く），PHS（64 kbps 以上 128 kbps 以下）
　　「ISDN 常時接続」：ISDN 常時接続回線（東・西 NTT のフレッツ ISDN）（64 kbps 以上 128 kbps 以下）
　　「ブロードバンド回線」：DSL，ケーブルテレビインターネット，FTTH，FWA，衛星インターネット（128 kbps 超）

出典：総務省[2001a]

図 5.6　自宅のパソコンからのインターネット利用者における利用アクセス回線

5.2.3 ISP (Internet Service Provider)

インターネット利用者の増加に伴って，インターネット接続サービス事業者（インターネットサービスプロバイダ：ISP）も着実に増加し，総務省に届け出た事業者だけでも5,600社を超えている．これ以外に，未届出の事業者も相当数あると推測される．

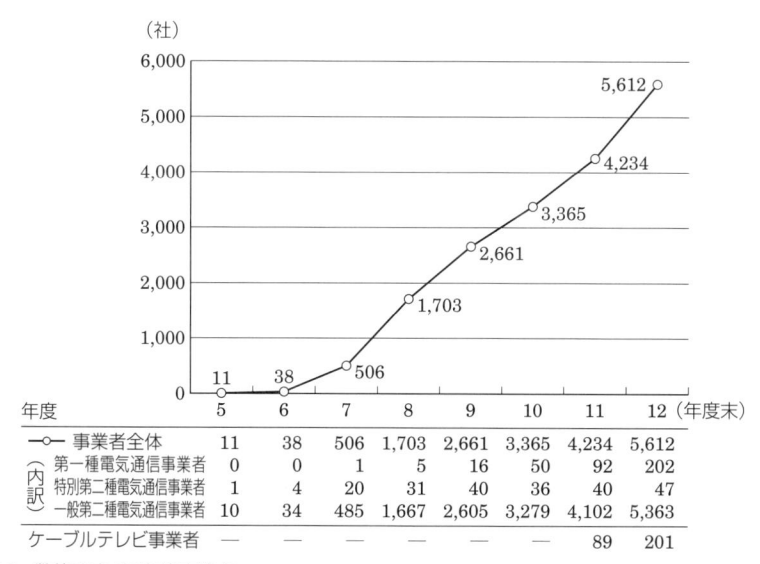

年度	5	6	7	8	9	10	11	12 (年度末)
事業者全体	11	38	506	1,703	2,661	3,365	4,234	5,612
（内訳）第一種電気通信事業者	0	0	1	5	16	50	92	202
特別第二種電気通信事業者	1	4	20	31	40	36	40	47
一般第二種電気通信事業者	10	34	485	1,667	2,605	3,279	4,102	5,363
ケーブルテレビ事業者	—	—	—	—	—	—	89	201

*1 数値はすべて年度末時点．
*2 「ケーブルテレビ事業者」は，自社のケーブルテレビ網がインターネット接続サービスのために使用されているすべてのケーブルテレビ事業者（他の電気通信事業者がインターネット接続サービスを提供する場合を含む）．

出典：総務省 [2001a]

図 5.7　総務省に届け出たISPの数

5.3　バックボーンネットワークやドメイン数など

本節では，インターネットを構成するバックボーンネットワークや，利用者端末の対極にあるホストの状況などについて考察する．

5.3.1　バックボーンネットワーク

日本のインターネット国際バックボーンは，その回線容量のほとんどを北米地域間とアジア地域間で占めており，その2つの地域間の回線容量の比率

はおおむね9：1である．大部分を占める対アメリカ間の回線容量は99年9月時点でおおむね2.5 Gbpsである．

一方，日本国内における，主要なIX（Internet Exchange）であるWIDEプロジェクトが運営しているNSPIX-2や商用IXであるJPIXの接続回線容量の推移は，図5.8のグラフのとおりである．

また，これらのIXのトラヒックについても，1年でほぼ2倍強のペースで

表5.3　対地間別回線容量

対地	回線容量(Mbps)	対地	回線容量(Mbps)
東京ーサンフランシスコ	1,487.0	東京ーソウル	48.0
東京ーポートランド	270.0	大阪ー香港	45.5
東京ーロサンゼルス	203.5	東京ー台北	38.9
東京ーニューヨーク	155.0	東京ー香港	31.8
大阪ーニューヨーク	155.0	東京ーシンガポール	22.5
東京ーシカゴ	73.0	合計	186.7
横浜ーシアトル	45.0		
大阪ーサンフランシスコ	45.0		
合計	2,433.5		

（注）　1999年9月時点調査．　　　　　　　　　　　出典：TeleGeography, Inc. [1999]

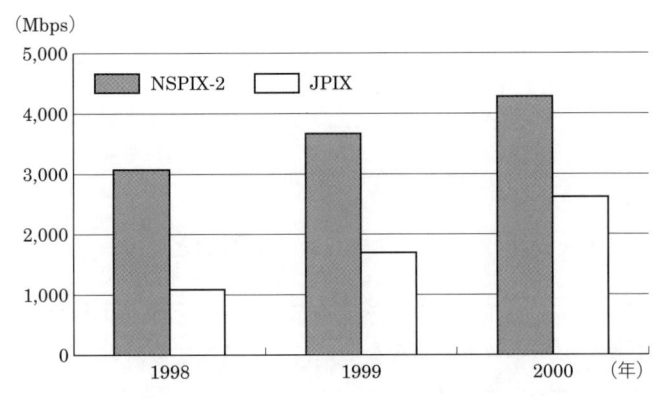

（注）各年とも5月時点の数値．（株）インプレス「INTERNET magazine」より作成．
出典：情報通信総合研究所 [2001]

図5.8　NSPIX-2とJPIXの接続回線容量

伸びており，増加も急こう配になってきている．

5.3.2 割当てドメイン数

インターネット上の住所ともいうべき「ドメイン名」の数は，インターネットの普及を示す1つの指標である．ドメイン名を管理しているJPNIC (Japan Network Information Center) [2001] 発表のドメイン名の数の推移は図5.9のとおりで，インターネットの指数関数的発展を象徴している．

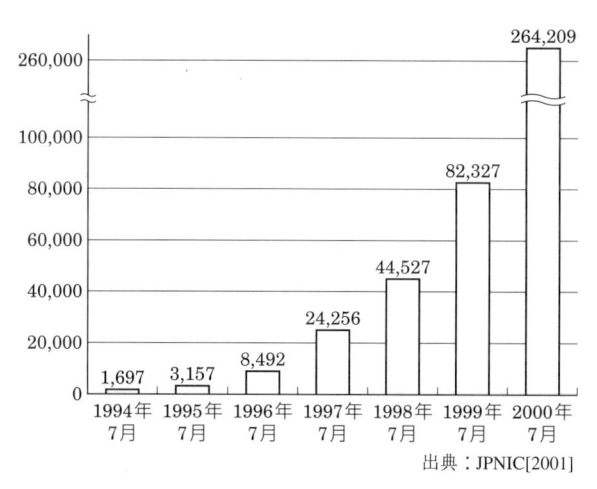

出典：JPNIC[2001]

図5.9 日本のインターネット割当てドメイン数の推移

5.3.3 WWWサーバやコンテンツ

郵政省（現総務省）郵政研究所では，我が国（JPドメイン）におけるインターネット上での情報発信量（ウェブ上の情報発信に限り，電子メールなどは含まない）について，98年2月から年2回調査している．2000年8月に実施した「第6回WWWコンテンツ統計調査」によると，我が国のウェブサーバ総数は約12万台（2年半前の3.3倍），ウェブ総ページ数は約5,570万ページ（同5.5倍），ウェブでアクセスできる総ファイル数は約1億3,200万ファイル（同7.0倍），そしてウェブでアクセス可能な総情報量は3,212Gbyte（同10.5倍）に達すると推計されている．

また，ファイル種類別伸びを見ると，文書・データが2.5年で20倍近く伸びているが，音声や動画がこれに続いている．

表 5.4 我が国（JP ドメイン）の WWW コンテンツ量の推移

	① 1998年2月	② 1998年8月	③ 1999年2月	④ 1999年8月	⑤ 2000年2月	⑥ 2000年8月	⑥：①
WWW サーバ数（万台）	3.6	5.4	7.5	8.5	9.5	12	3.3 倍
総ページ数（万ページ）	1,020	1,790	2,950	3,850	4,250	5,570	5.5 倍
総ファイル数（万ファイル）	1,890	3,650	5,820	8,570	9,630	13,200	7.0 倍
総情報量（G バイト）	305	670	1,024	1,889	2,214	3,212	10.5 倍

出典：総務省 [2001a]

表 5.5 コンテンツのファイル種類別伸び

	① 1998年2月	② 1998年8月	③ 1999年2月	④ 1999年8月	⑤ 2000年2月	⑥ 2000年8月	⑥：①
HTML	46	86	150	211	256	354	7.7 倍
画像	141	306	409	745	885	1,135	8.0 倍
動画	40	78	113	280	206	434	10.9 倍
音声	11	29	39	88	119	155	13.6 倍
文書・データ	53	151	300	546	709	1,057	19.9 倍
不明・他	15	14	14	19	39	77	5.1 倍

出典：総務省 [2001a]

5.4 インターネット利用料金

従来の加入電話回線によるダイヤルアップ接続でインターネットを利用する際には，一定利用時間まで定額制となっている ISP 事業者へのインターネット接続料金と，従量制による通信料金（電話料金）が課せられることとなる．これでは，利用時間が長くなるほど利用者の費用負担が大きくなり，ダウンロードに時間がかかる大容量のコンテンツの利用や，いわゆる「インターネット放送」の利用の阻害要因となる可能性があった．

そこで，通信料金の定額制に対するニーズが高まってきた．事業者側もこれに呼応して，常時接続を可能とする定額サービスを ISDN，DSL，ケーブ

第5章 インターネット関連事業

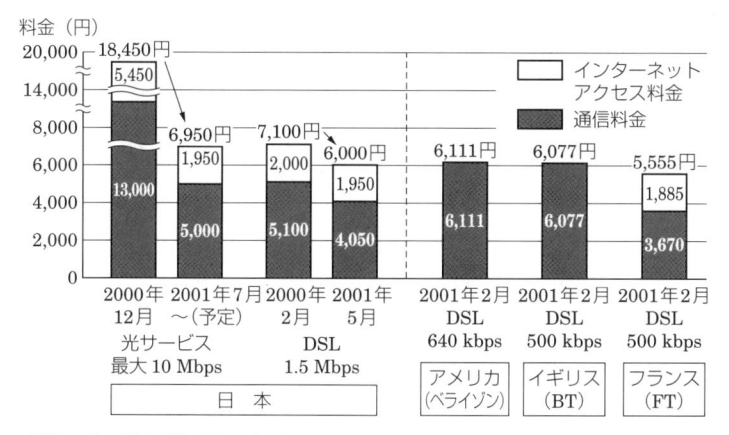

```
料金（円）
20,000  18,450円
14,000  ┌5,450┐
 8,000            6,950円  7,100円
 6,000            ┌1,950┐  ┌2,000┐  6,000円    6,111円  6,077円
 4,000   13,000                     ┌1,950┐    ┌1,885┐             5,555円
 2,000            5,000   5,100     4,050      6,111   6,077       ┌1,885┐
     0                                                              3,670

        2000年   2001年7月 2000年  2001年   2001年2月 2001年2月 2001年2月
        12月    ～(予定)  2月    5月      DSL     DSL      DSL
        光サービス         DSL           640 kbps 500 kbps 500 kbps
        最大10 Mbps      1.5 Mbps
                                        アメリカ  イギリス   フランス
                                        (ベライゾン) (BT)    (FT)
                 日　本

凡例：□ インターネットアクセス料金  ■ 通信料金
```

*1 別途，基本料金が必要な場合がある．
*2 2001年7月からの光サービス（FTTH）については，通信料金は2000年4月時点の計画額である5,000円を想定．また，インターネットアクセス料金は，対応するインターネット接続サービスの提供事業者が同時点で未定であるため，ここでは図中のDSLと同額と仮定．
*3 為替レートは，2001年5月8日時点の対顧客売相場レートにより換算
（1米ドル＝122.35円，1英ポンド＝178.57円，1仏フラン＝16.70円）．

出典：総務省 [2001a]

図 5.10 インターネット常時接続に要する料金の国際比較

ルインターネット，FWA，FTTHの各アクセス回線において提供している．この結果，インターネットの常時接続に要する料金（回線料金とインターネットアクセス料金の合計）は，海外の主要国と比較して遜色ない水準に低下している．

談話室

クリントン政権とインターネット

1993年から2000年まで2期8年務めたクリントン・ゴア政権は，選挙キャンペーン中から「情報ハイウェイ」に強い意欲を示すなど，世代的にもインターネットに親近感を覚える施策を多数遂行した．

しかしその主眼は，当初の「情報ハイウェイ」という公共事業的なものから，NII（National Information Infrastructure）やGII（Global Information Infrastructure）というビジョン的なものへ，更には電子商取引（e-commerce）という実利的な応用へと変化していった．

この全過程を通じて，経済政策の観点から何が問題であったかを分析した谷口［2000］は，**表5.6**の5点に要約している．

表5.6　クリントン政権による電子商取引戦略の経済政策としての特徴

1. 政府主義か民間主導か
   当初における政府主導の挫折から民間主導へ
2. 政府規制か自主規制か
   民間の自主規制を中心としつつも，新たな規制導入の余地あり
3. 干渉主義か自由主義か
   対外的には，非規制・非関税・非差別課税を主張
4. 平等主義か自由放任主義か
   情報ツールへのアクセス面では，ディジタル・デバイド解消を主張
   ↓
5. 「競争とユニバーサル・サービス」を中心とする「効率と公正」の追求

出典：谷口［2000］

本章のまとめ

① インターネットほど短時間に普及した（なお高率の成長を続けている）メディアはない．
② インターネット人口は調査機関によって幅があるが，既に3,000万人を超えたことが確実である（強気の『情報通信白書』では4,700万人）．
③ その利用形態はパソコン利用が80％近いが，携帯・PHSも20％近いなど，日本的特徴を示している．しかし，アクセス方法は，アナログISDNのダイヤルアップが85％で，ブロードバンド利用者は少数であるが，ADSLを中心にした今後の伸びが注目される．
④ 国際バックボーンネットワークは米国依存型で，国内容量は1年でほぼ倍の伸びを示している．ドメイン数も指数関数的に伸びている．
⑤ WWWサーバや，そのコンテンツも，ほぼ同じ動きである．
⑥ インターネット利用料金も，常時接続で国際的レベルまで下がってきた．

第5章　インターネット関連事業

● 理解度の確認 ●

問1. 5年ほど前のインターネット関連の書物を読み，現在なお妥当する部分と非現行になった部分をチェックしてみよ．

問2. この書物では省略した，インターネット利用者の属性（男女比，年齢層，年収との関連，職業別，地域別など）について，調査機関のウェブサイトを調べてみよ．

問3. 自分の1日の行動を記録し，メディア別接触時間（携帯，パソコン，TVなどに何時間触れていたか），それぞれにいくら支出したかを分析してみよ．

問4. クラス単位，ゼミ単位などで，問3と同じことを調べてみよ．

問5. クラス単位，ゼミ単位などで，携帯やe-mailの交流状況を調べてみよ．通信相手上位10人が全体の何％を占めているだろうか．

第6章

放送事業（1） 市場と事業者の動向

　本章と次章とで，放送事業を概観することとし，第6章と第7章の分担は第3章と第4章に準ずる．なお，放送事業の一種と見なされているCATVと衛星関連事業の詳細は，便宜上別立てとし，第8章で論ずる．

　ディジタル化の波は1960年代末から着々と進行し，20世紀中に通信とコンピュータの融合はほぼ完成した．21世紀初頭において，この激変を最も強く受けるのが放送事業であろうことは疑いない．本章と次章で見る現状と，第11章，第12章における近未来の予測とが，どのような接点を持っているか，に注目しながらお読みいただきたい．

6.1　市場のマクロ的捉え方

　本節では，「放送事業更に広くはマスコミュニケーション事業は，どこから収益を得ているのか」，「家庭電化製品の普及と放送の発展はどのような関係にあるのか」という2つのマクロ的疑問を，出発点として確認しておく．

6.1.1　マスメディアと収入源

　マスメディア産業を有料メディア（NHK，映画，音楽ソフト，映像ソフト，広告を除く出版・新聞）と広告収入メディア（民放テレビ，ラジオ，新聞・雑誌販売収入，その他）に二分し，構成比の推移で見ると，**図6.1**のようになる．この図から，テレビの普及（50年代後半以降）とほぼ並行して広告収入メディアが急成長し，80年代以降は両者の比率は，60％と40％でほぼ安定的に推移

第6章 放送事業（1） 市場と事業者の動向

図6.1 マスメディア産業の収入形態別シェアの推移

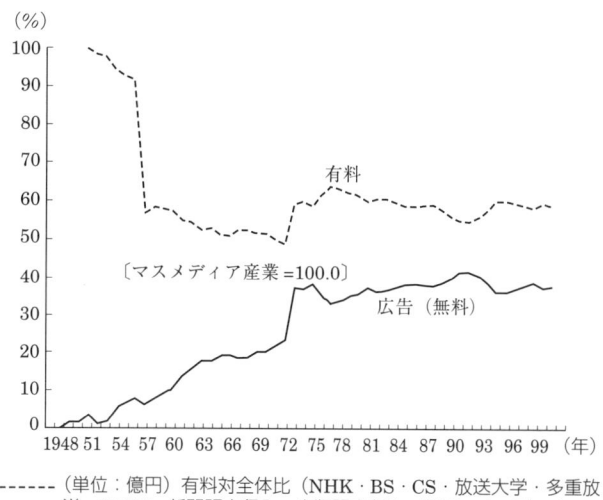

- ------ （単位：億円）有料対全体比（NHK・BS・CS・放送大学・多重放送・CATV・新聞販売収入・出版販売収入・映画・オーディオソフト・ビデオソフト）
- ――― （単位：億円）広告対全体比（民放地上波放送・民放ラジオ・新聞広告収入・雑誌広告収入）

出典：石坂[1987]のアイディアをもとに筆者作成

していることがわかる．

6.1.2 マスメディア産業の市場規模

マスメディア産業と呼ばれる個々の産業分野ごとに，売上高などによる市場規模を見たものが**図6.2**である．この図から，次のような諸点が読み取れる．

(1) 出版・新聞に代表される紙メディアは，漸減傾向にある．
(2) かつて娯楽の代表であった映画は，それ自体（すなわち，劇場公開という形）では大幅に落ち込み，マイナーなメディアになった．
(3) 急速な伸びを示しているのが民放テレビ（これにNHKのテレビを加えてもよい）であり，テレビ全体では出版・新聞を上回っている．
(4) BS放送，CS放送など新しいメディアは，まだ十分に立ち上がっていない．

6.1.3 広告費のゆくえ

図6.1において広告収入メディアとされたものの，広告収入構成を見ると**表6.1**のようになり，テレビとSP広告（折込，DM，展示など）が主力で，

72　電子情報通信産業

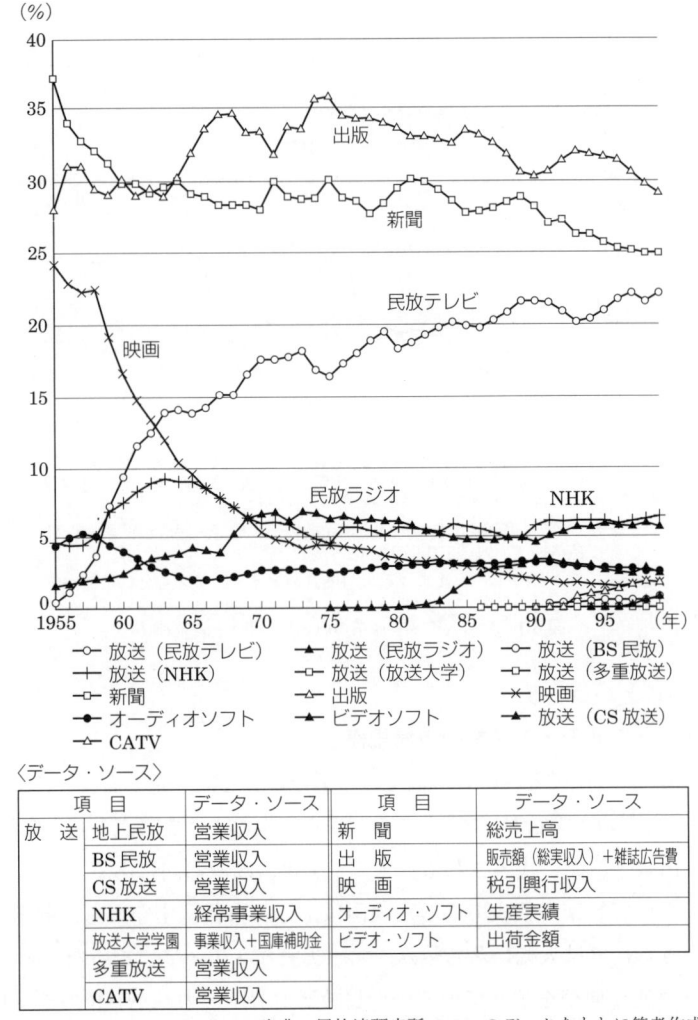

項　目		データ・ソース	項　目	データ・ソース
放　送	地上民放	営業収入	新　聞	総売上高
	BS民放	営業収入	出　版	販売額（総実収入）+雑誌広告費
	CS放送	営業収入	映　画	税引興行収入
	NHK	経常事業収入	オーディオ・ソフト	生産実績
	放送大学学園	事業収入+国庫補助金	ビデオ・ソフト	出荷金額
	多重放送	営業収入		
	CATV	営業収入		

出典：民放連研究所[2001]のデータをもとに筆者作成

図 6.2　マスメディア産業の市場規模

かつテレビの比重が高まっていることがわかる．

しかも，この広告費の総額がGDPに占める割合は，ほぼ1％強で10年以上一定している（**図6.3**）．これは経済学的には「ゼロ・サム・ゲーム」（1つ

第6章 放送事業 (1) 市場と事業者の動向

表 6.1 媒体別広告費

(単位：億円, %)

媒体	広告費			前年比		構成比		
	1997年	1998年	1999年	1998年	1999年	1997年	1998年	1999年
総広告費	59,961	57,711	56,996	96.2	98.8	100.0	100.0	100.0
マスコミ4媒体広告費	39,357	37,703	36,882	95.8	97.8	65.6	65.3	64.7
新聞	12,636	11,787	11,535	93.3	97.9	21.1	20.4	20.2
雑誌	4,395	4,258	4,183	96.9	98.2	7.3	7.4	7.3
ラジオ	2,247	2,153	2,043	95.8	94.9	3.7	3.7	3.6
テレビ	20,079	19,505	19,121	97.1	98.0	33.5	33.8	33.6
SP広告費	20,348	19,678	19,648	96.7	99.8	34.0	34.1	34.5
DM	3,165	3,155	3,242	99.7	102.8	5.3	5.5	5.7
折込	4,174	4,082	4,241	97.8	103.9	7.0	7.1	7.5
屋外	3,322	3,196	3,148	96.2	98.5	5.5	5.5	5.5
交通	2,490	2,438	2,320	97.9	95.2	4.2	4.2	4.1
POP	1,689	1,644	1,610	97.3	97.9	2.8	2.9	2.8
電話帳	1,830	1,851	1,777	101.1	96.0	3.1	3.2	3.1
展示・映像ほか	3,678	3,312	3,310	90.0	99.9	6.1	5.7	5.8
ニューメディア広告費	196	216	225	110.2	104.2	0.3	0.4	0.4
インターネット広告費	60	114	241	190.0	211.4	0.1	0.2	0.4

出典：電通 [2000]

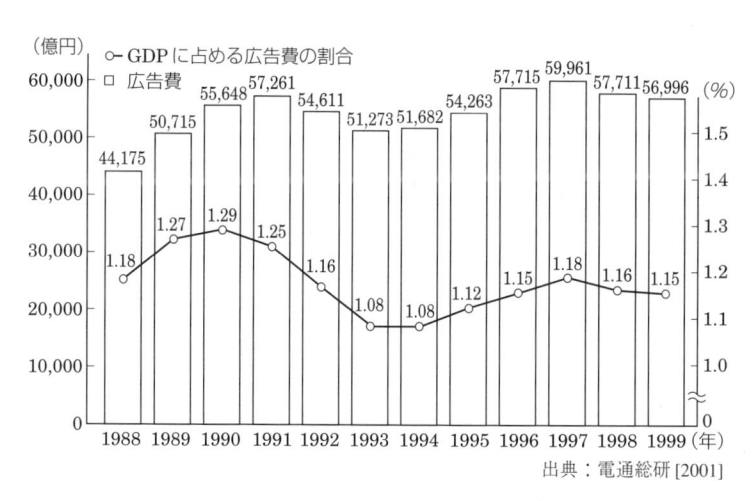

図 6.3 日本の広告費と GDP 比率

出典：電通総研 [2001]

の会社あるいは1つのメディアが勝てば他は敗れるという，総和一定ゲーム）を意味するので，メディアに従事する人々の「安定志向」，「護送船団歓迎ムード」につながりやすい．

6.1.4 家庭電化と放送事業

我が国の戦後における高度成長は，そのまま家庭電化の歴史ともいえる．すなわち，60年代以前にまずラジオが普及し，60年代にはテレビ（白黒），洗濯機，冷蔵庫が「3種の神器」としてもてはやされ，70年代にはそれが3C (Car, Cooler, Color TV) に代わった．図6.4に見るように，それらの普及曲線はすさまじいこう配を示している．

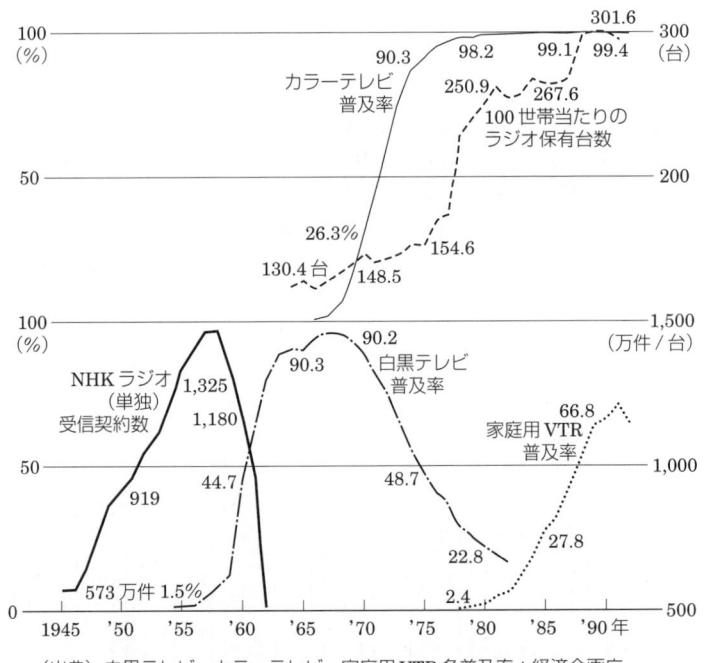

（出典）白黒テレビ，カラーテレビ，家庭用VTR各普及率：経済企画庁，消費動向調査
NHKラジオ受信契約数：NHK放送受信契約数統計要覧
100世帯当たりのラジオ保有台数：朝日新聞社，民力

出典：藤竹・山本 [1994]

図 **6.4** ラジオ受信機，テレビ受信機，家庭用VTR普及の推移

6.2 放送事業の態様

本節では，一口に放送事業といっても，その中にはどのような形態があるのかを概説する．

6.2.1 放送事業者数

放送事業者は大別して，

(1) 地上系
(2) 衛星系
(3) CATV事業者

に分かれる．後述するように売上の大半は (1) によるものであるが，事業者数では (3) が多く，中小会社が多いことを示唆している．

また，(1) は伸びが著しいように見えるが，近年における増加分はほとんどがコミュニティ放送によるものであり，いわゆるエスタブリッシュメントとしての地上局数は不変で，安定的な市場構造を維持していることがわかる．

表 6.2 放送事業者数の推移

年　度	1995	1996	1997	1998	1999	2000
地上系放送事業者 （うちコミュニティ放送）	224 (27)	268 (64)	292 (89)	319 (118)	335 (131)	339 (139)
衛星系放送事業者	17	64	81	124	146	155
CATV事業者	641	708	720	738	686	646

*1　地上系放送事業者には，NHK及び放送大学学園を含む．
*2　衛星系放送事業者には，通信衛星を利用する委託・受託放送事業者両者を含み，NHK及び放送大学学園を含まない．
*3　CATV事業者は，自主放送を行うもののみ．

出典：総務省 [2001a]

6.2.2 市場規模と事業態様別動向

94年から95年の推移は**表6.3**のとおりで，ここから次のような諸点を読み取ることができる．

(1) 日本経済全体が不況期にあったにもかかわらず，営業収益は98年の落ち込みを除いて順調に伸びたが，携帯電話の爆発的伸びのような現象は見られない．

(2) 伸びを牽引したのが衛星（伸び率約3.5倍）とCATV（同2.3倍）であり，これらは全体でのシェアも伸びている．
(3) しかし，全体の構成比としては，依然地上波民放が70％以上を占めている．
(4) NHKの比率は5年間でやや低下したものの18％強を占めている．

表 6.3　営業収益の推移

（単位：億円，％）

年　度		1994	1995	1996	1997	1998	1999	1994→1999の伸び
（構成比） 地上系民間事業者		(75.2%) 21,411	22,807	24,684	25,463	24,414	(70.8%) 24,733	15.5%
（構成比） NHK		(19.7%) 5,593	5,703	5,879	6,116	6,243	(18.2%) 6,359	13.7%
（構成比） 衛星系民間事業者		(1.7%) 470	593	685	913	1,327	(4.6%) 1,607	241.9%
（構成比） CATV事業者		(3.5%) 984	1,126	1,410	1,644	1,931	(6.4%) 2,244	128.0%
（構成比） 合　計		(100.0%) 28,458	30,229	32,658	34,136	33,915	(100.0%) 34,943	22.8%
	対前年伸び	—	6.2%	10.8%	10.5%	−0.6%	10.3%	—

（注） 1. NHKは受信料収入．
　　 2. 衛星系民間事業者は，放送衛星を利用する2社と通信衛星を利用する委託放送事業者を含む（ただし，CS事業者については，委託放送事業者に係る収益のみを計上）．
　　 3. CATV事業者の対象は，営利目的の事業者であり，通信事業収入などCATV事業以外のものを除外する．

出典：総務省[2001a]，電通総研[2001]から筆者作成

6.2.3　民放対NHK

表6.3を表6.4のように書き直してみると，構成比の変化はごくわずかで，両者の力関係はほぼ安定しているといえそうである．

6.2.4　テレビ対ラジオ

地上波民放だけについて，テレビ収入とラジオ収入の比を取ると表6.5のとおりで，テレビ収入が確実に比率を増している．

第6章 放送事業(1) 市場と事業者の動向

表 6.4 民放とNHKの売上シェア

(単位:%)

年　度	1994	1995	1996	1997	1998	1999	1994→1999の変化
地上波民放	79.3	80.0	80.8	80.6	79.6	79.5	＋0.2ポイント
NHK	20.7	20.0	19.2	19.4	20.4	20.5	－0.2ポイント

表 6.5 テレビ収入対ラジオ収入

(単位:%)

年　度	1994	1995	1996	1997	1998	1999	1994→1999の変化
テレビ	87.7	88.1	88.6	88.9	89.3	89.7	＋2.0ポイント
ラジオ	12.3	11.9	11.4	11.1	10.7	10.3	－2.0ポイント

出典:電通総研[2001]をもとに筆者作成

6.3 民放のネットワークと経営格差

本節では,民放各社の大新聞社とのつながり,東京にあるキー局と地方局とのネットワークなど,この事業に特有な現象について説明する.

6.3.1 民放各社と新聞社

表 6.6 民放各社の大口株主

(a) フジテレビジョン (単位:%)

ニッポン放送	34.1
東　宝	6.8
文化放送	3.6
日本トラスティ・サービス信託信託口	3.1
チェース・マンハッタン(ロンドン)SLオムニバス	2.1

(b) TBS (単位:%)

日本トラスティ・サービス信託信託口	5.9
さくら銀行	4.7
日本生命	4.7
三菱信託信託口	4.2
三菱信託退職給付信託口電通口	2.6

(c) 日本テレビ放送網 (単位:%)

読売新聞社	8.5
渡邉恒雄	6.4
読売テレビ放送	5.9
日本トラスティ・サービス信託信託口	4.0
帝京大学	3.5

(d) テレビ朝日 (単位:%)

朝日新聞社	33.9
東　映	16.1
小学館	4.6
大日本印刷	4.0
九州朝日放送	3.2

出典:日本経済新聞社[2001]

東京に本社を置く大手テレビ局（キー局）は，ニュースの素材提供などの面で，特定の新聞社と深いつながりがあるが，同時に資本的にも密接な関係にある．株式を上場しているフジテレビジョン，TBS，日本テレビ放送網，テレビ朝日各社の大口株主は**表6.6**（a）～（d）のとおりで，かつての毎日新聞との関係が薄れてきたTBSを除けば，新聞社などとのつながりが推測される．

6.3.2　民間テレビ放送局ネットワーク

民放キー局は，ニュース番組の提供その他で地方局と提携関係にあり，ごく一部の局（クロスネット局）を除いて，JNN，NNN，FNN，ANN，TXNという5系列にネットワーク化されている（**図6.5**）．

6.3.3　キー局と地方局の収益格差

テレビの全国売上高のうち，半分の50％は東京のキー局（6局）が，70％は東名阪の大手局（16局）が占める構造になっており，地方局の規模の小ささを示している．

6.3.4　キー局の経営指標

全国的に見れば比較優位にあるキー局であるが，その5社の間でも売上好調な上位3社と伸び悩みの下位2社とでは，経営指標に大きな差が見られる（**表6.7**）．

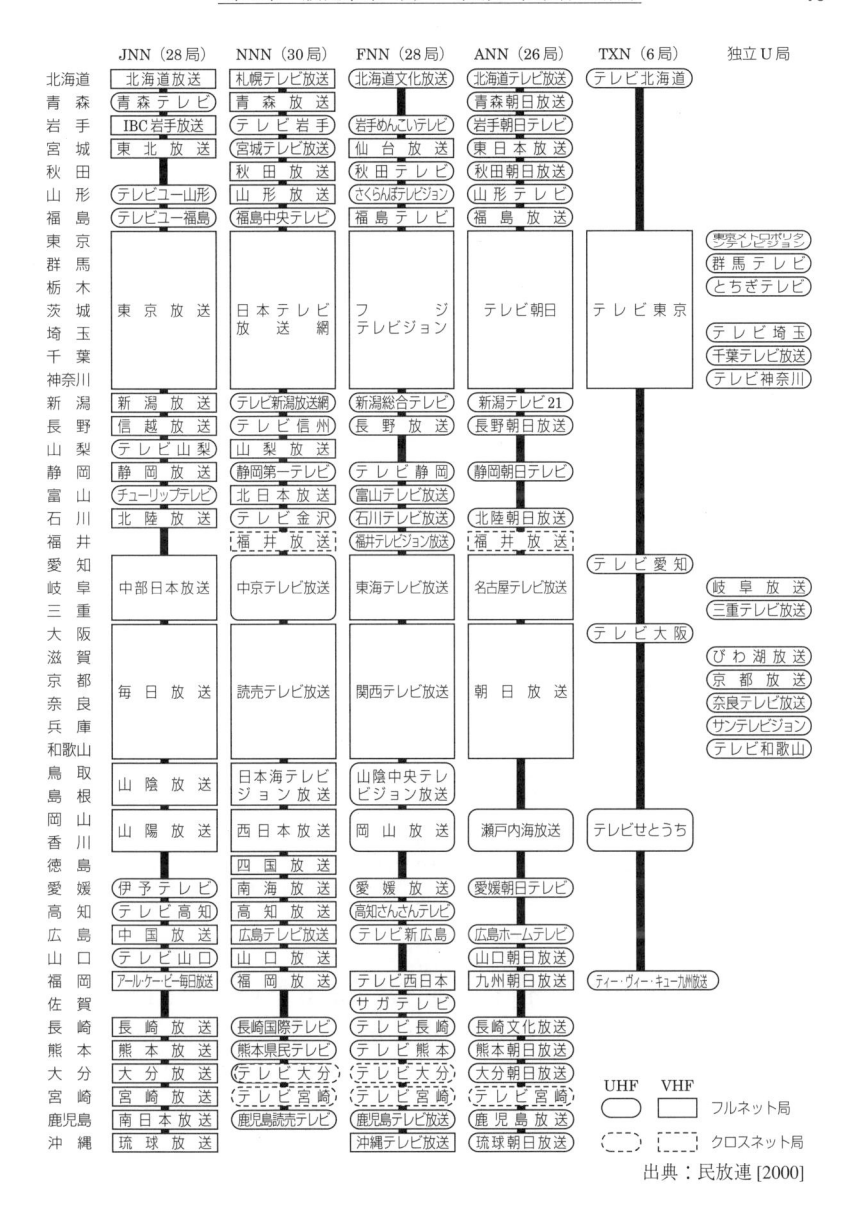

第6章　放送事業（1）　市場と事業者の動向

図 6.5　民間テレビ放送局のネットワーク（2001年11月15日現在）

電子情報通信産業

```
        東京6局
        1兆974億円
        (50.2)
その他
111局
6,754億円
(30.9)
        東京・大阪・愛知
        16局計
        1兆5,108億円
        (69.1)
```

( )内は構成比：％
出典：電通総研[2001]

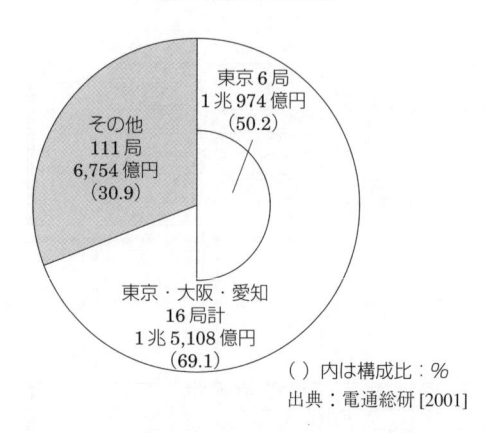

図6.6 地域別地上波テレビ収入構成（1999年度）

表6.7 民放東京キー局経営指標

(単位：億円)

年度 局	売上高			1999年度		
	1997	1998	1999	営業利益	経常利益	当期利益
日本テレビ (3月)	2,830 〈109.0〉	2,777 〈98.1〉	2,869 〈103.3〉	515 〈113.6〉	526 〈113.9〉	322 〈131.4〉
TBS (3月)	2,452 〈105.2〉	2,382 〈97.2〉	2,419 〈101.6〉	207 〈132.5〉	192 〈129.3〉	105 〈136.3〉
フジテレビ (3月)	3,156 〈103.9〉	3,051 〈96.7〉	3,135 〈102.7〉	334 〈129.7〉	344 〈126.3〉	220 〈150.1〉
テレビ朝日 (3月)	1,975 〈104.4〉	1,832 〈92.8〉	1,888 〈103.0〉	116 〈165.0〉	117 〈162.5〉	61 〈202.5〉
テレビ東京 (3月)	896 〈105.5〉	896 〈100.0〉	907 〈101.2〉	54 〈132.5〉	48 〈127.1〉	8 〈81.7〉

(注) 〈 〉内は前年度比：％, ( ) 内は決算期.
 * TBSの売上高はラジオ含む. 営業利益, 経常利益, 当期利益はラジオ・テレビ合計.
(『有価証券報告書総覧』及び（株）文化通信社『文化通信』各号をもとに作成)

出典：電通総研[2001]

談話室

メディアはメッセージか？

「メディア論」という新しい研究分野の創設者であるマーシャル・マクルーハンは，ユニークな驚句の発明者でもある．中でも表題の「メディアはメッセージだ」という指摘は，今日でも人を惹きつける斬新さを持っている（McLuhan [1964]）．

当時のテレビは白黒からカラーに変わると同時に，新しいマスメディアの代表格になりつつあり，この警句にぴったりであった．人々はテレビというメディアを介して，ニュースや娯楽などのメッセージを受け取っていたのであるが，家族がお茶の間で夕食時など決まった時間に人気番組を一緒に見て，また職場や学校で番組のことを話題にするにつれて，テレビを介した空間が日本中を覆っていった．つまりテレビというメディアが，それ自体あるメッセージを発していたといってよい．

こうした視聴形態は，やがて「生まれたときからテレビがある世代」（テレビ2世）が大半を占めるようになると同時に，一家にテレビが複数あって個人視聴をする時代へと変化し，現在では多チャネル化によってますます多様化しつつある．しかし，テレビは依然としてマスメディアの中心的存在であり，「一億総白痴化」（大宅壮一）を促したのか，それとも人々の情報処理能力を高めたのか，本格的な検証が必要であろう．

なお，マクルーハンには別に，「ホットメディアとクールメディア」とか「メディアはマッサージである」などの警句もある．

本章のまとめ

① マスコミュニケーションは，有料収入と広告費（利用者にとっては無料）という収入源で成り立っており，放送も例外ではない．テレビ広告費は広告費全体のほぼ1/3と安定しており，また広告費全体もGDPのほぼ1％と安定的である．この結果（マスコミ全体に）「ゼロ・サム・ゲーム」的思考をする向きが多い．

② 放送は，我が国では家庭電化製品の普及の歴史とともに発展してきた．

③ 日本の放送制度は，公共放送のNHKと民間放送が併存するという，

イギリスに近い構造になっている．近年，新規参入があるとはいえ，コミュニティ放送やBSディジタル放送などの新分野に限られており，市場構造は超安定的である．
④　NHK対民放を売上シェアで見ると，近年民放の比率がやや上がっている．
⑤　日本の放送局は他から独立しているようでいながら，全国紙の新聞社と密接な関係にあるキー局とネットワークを構成して，系列ができあがっている．しかも，収入も番組も，これらキー局が圧倒的に優位にある．

● 理解度の確認 ●

問1．新しいビジネス（例えばインターネットを使った商売）を始めようとする場合，利用者から直接お金をいただく方法（それも月極めと利用度に応じた方法と2つある）と広告費に依存する方法をどう組み合わせたらよいか．両者のメリット・デメリットを比較せよ．

問2．日本の家電製品は世界市場を席巻するほどの技術力があるが，次の目玉商品は何か．

問3．NHKと民放の番組内容はどこが違うか．特定の1日の番組表を使って比較してみよ．

問4．放送局が特定の新聞社と結び付きを強め，また東京のキー局が地方局をネットワーク化することの利害得失を考えてみよ．

第7章

放送事業(2) サービスと利用状況

　前章に引き続き放送事業について，サービスや利用状況を分析する．なお，CATVと衛星関連事業は，一般的には放送事業の一種と見なされているが，便宜上次章で考察する．

　また，ディジタル化は，放送サービスの今後を考える上で最も大きな要素であるが，ここでは触れずに第11章に譲ることにする．

7.1 放送サービス

　本節では，放送サービスを種々の視点から分類し，それぞれの分析を試みる．

7.1.1 放送サービスの分類と歴史

　放送サービスは，地上放送・CATV・衛星放送に大別され，図7.1のような発展をしてきた．後2者は次章で論ずるため，ここでは地上放送に焦点を当てる．

7.1.2 地上波テレビ（民放）

　市場の中心的役割を果たしている地上波テレビ局は，民放が2チャネル以上の地域が圧倒的で地域最低4チャネル体制（NHK2チャネル＋民放2チャネル）の線に近い状況になっている．

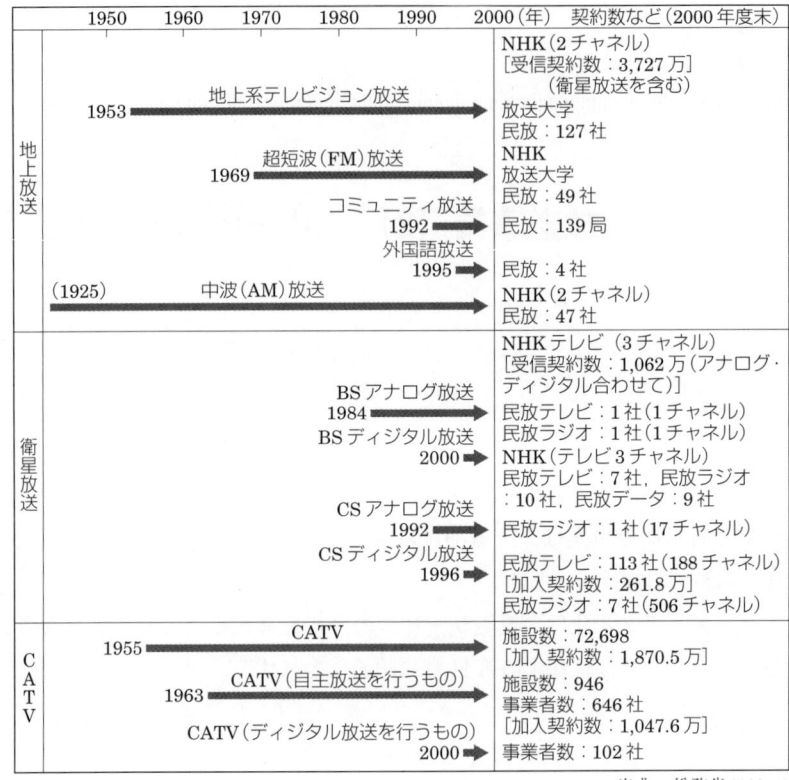

	1950	1960	1970	1980	1990	2000(年)	契約数など(2000年度末)
地上放送			1953 地上系テレビジョン放送 →				NHK(2チャネル) [受信契約数:3,727万 (衛星放送を含む)] 放送大学 民放:127社
				1969 超短波(FM)放送 →			NHK 放送大学 民放:49社
					1992 コミュニティ放送 →		民放:139局
					外国語放送 1995 →		民放:4社
	(1925)	中波(AM)放送 →					NHK(2チャネル) 民放:47社
衛星放送				BSアナログ放送 1984 →			NHKテレビ(3チャネル) [受信契約数:1,062万(アナログ・ ディジタル合わせて)] 民放テレビ:1社(1チャネル) 民放ラジオ:1社(1チャネル)
					BSディジタル放送 2000 →		NHK(テレビ3チャネル) 民放テレビ:7社,民放ラジオ :10社,民放データ:9社
					CSアナログ放送 1992 →		民放ラジオ:1社(17チャネル)
					CSディジタル放送 1996 →		民放テレビ:113社(188チャネル) [加入契約数:261.8万] 民放ラジオ:7社(506チャネル)
CATV	1955	CATV →					施設数:72,698 [加入契約数:1,870.5万]
		1963	CATV(自主放送を行うもの) →				施設数:946 事業者数:646社
				CATV(ディジタル放送を行うもの) 2000 →			[加入契約数:1,047.6万] 事業者数:102社

出典:総務省[2001a]

図 7.1　放送サービスの概況

7.1.3　地上波民放のジャンル別放送時間

1日当たり放送時間は21時間18分と,前年より更に延びて,日本はアメリカに次ぐテレビ大国になっている.ジャンル別に見ると,娯楽のウェイトが更に高まり,40%近くになっている.

7.1.4　NHKの契約数・ジャンル別放送時間

NHKは,地上波ではテレビジョン(総合及び教育)及びラジオ(第1,第2及びFM)の5チャネル,衛星放送(BS)ではテレビジョン第1,第2(ともにアナログ,ディジタルのサイマル放送)及びハイビジョン(ディジタル,アナログのサイマル放送)の6チャネルによる放送を実施している.

第7章　放送事業（2）　サービスと利用状況

民放局数
1チャネル（ 2）
2チャネル（ 3）
3チャネル（ 9）
4チャネル（13）
5チャネル（14）
6チャネル（ 6）

出典：総務省[2001a]

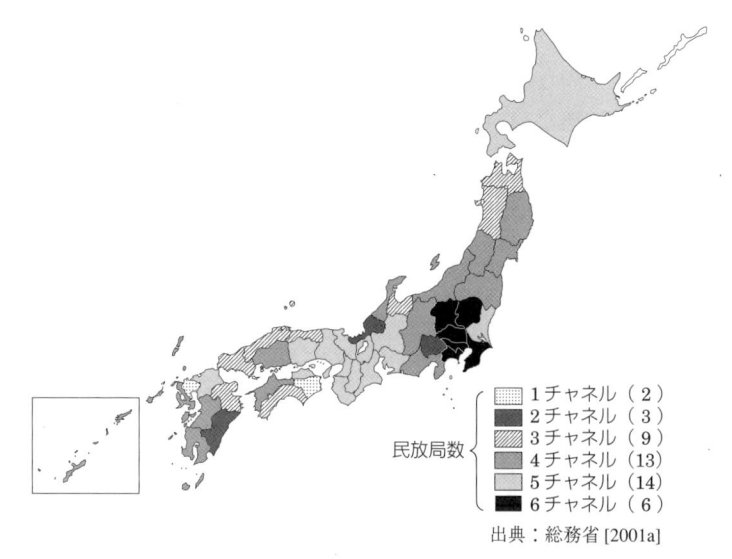

図 7.2　民間地上波テレビジョン放送の地域別局数（2001年4月1日現在）

（年）	報道	教育	教養	娯楽	その他	広告	〈合計〉
1995	4'18(21.0)	2'28(12.1)	5'06(24.9)	8'01(39.2)	0'14(1.1)	0'21(1.7)	◀20'28
1996	4'19(20.6)	2'32(12.1)	5'15(25.1)	8'07(38.8)	0'14(1.1)	0'29(2.3)	◀20'56
1997	4'08(19.6)	2'32(12.0)	5'22(25.4)	8'16(39.2)	0'16(1.3)	0'32(2.5)	◀21'07
1998	4'07(19.6)	2'34(12.2)	5'23(25.6)	8'11(38.9)	0'16(1.3)	0'30(2.4)	◀21'01
1999	40'3(19.0)	2'36(12.2)	5'22(25.2)	8'23(39.4)	0'17(1.3)	0'37(2.9)	◀21'18

＊　10月〜翌年3月平均　　（　）内は構成比：％

出典：電通総研[2001]

図 7.3　民放1日当たり放送時間（ジャンル別）

2000年度末現在，受信契約総数は約3,700万であり，このうち一般受信契約（有料受信契約のうち衛星放送契約を除く）数は約2,750万と横ばい，衛星放送受信契約（衛星契約に特別契約を加えたもの）数は約1,050万と順調に伸びている（**表7.1**）.

表 7.1 NHKの受信契約数

年　度	1994	1995	1996	1997	1998	1999	2000
普通契約	970,555	865,815	799,631	733,101	667,229	610,479	541,650
カラー契約	27,475,680	27,136,595	26,844,744	26,753,715	26,465,617	26,198,692	26,111,384
衛星契約	6,566,667	7,358,788	8,155,854	8,780,647	9,451,022	10,055,635	10,610,151
特別契約	14,267	16,097	15,794	15,391	13,249	13,548	10,507

*1　普通契約：衛星系によるテレビジョン放送の受信及び地上系によるテレビジョン放送のカラー受信を除く放送受信契約.
*2　カラー契約：衛星系によるテレビジョン放送の受信を除き，地上系によるテレビジョン放送のカラー受信を含む放送受信契約.
*3　衛星契約：衛星系及び地上系によるテレビジョン放送（カラーまたは普通）の放送受信契約.
*4　特別契約：地上系によるテレビジョン放送の自然の地形による難視聴地域または列車，電車その他営業用の移動体において，地上系によるテレビジョン放送の受信を除き，衛星系によるテレビジョン放送の受信を含む放送受信契約.

出典：総務省[2001a]

99年度のNHK地上波総合放送の放送時間は1日当たり23時間24分と引き続き増加した．内訳を見ると，最も多い「報道」が10時間を超え，教育放送も総放送時間で20時間の大台に乗った．

衛星放送はほぼ24時間放送が定着し，衛星第1放送は「報道」，第2放送は「教育」，「娯楽」が中心となっている．地上波総合放送と同時に放送している定時ニュースの放送時間増を受けて，衛星第2放送でも「報道」が大幅に増加した．

7.2　テレビ広告

本節では，民放テレビの主たる財源である広告費の面から，この事業の特色を探る．

7.2.1 テレビ広告費

99年のテレビ広告費は1兆9,121億円(前年比98.0％)と2年続けてのマイナスとなった．総広告費に占めるテレビ広告費の割合も33.5％と1998年を0.3ポイント下回った．ただし，99年後半から回復が見込まれ2001年中は比較的順調に推移した．

テレビ広告費(億円)と総広告費に占める割合(％)：
- 1995年：17,553億円，32.3％
- 1996年：19,162億円，33.2％
- 1997年：20,079億円，33.5％
- 1998年：19,505億円，33.8％
- 1999年：19,121億円，33.5％

出典：電通総研 [2001]

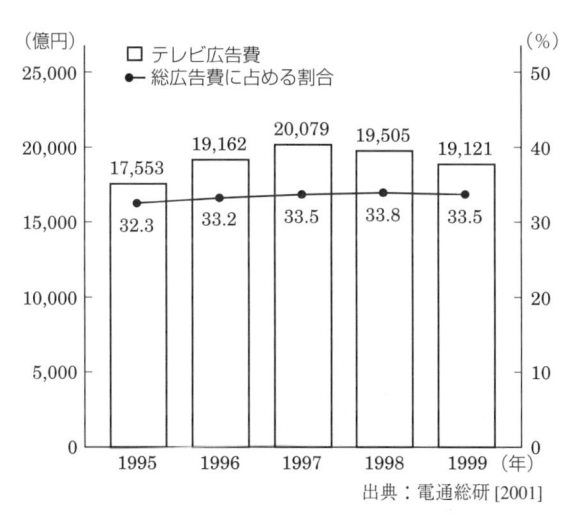

図 7.4 テレビ広告費の推移

1999年 19,121億円の業種別内訳：
- 食品 2,928 (15.3)
- 化粧品・トイレタリー 2,569 (13.4)
- 飲料・嗜好品 2,232 (11.7)
- 薬品・医療用品 1,401 (7.3)
- 情報・通信 1,283 (6.7)
- 流通・小売業 1,242 (6.5)
- 自動車・関連品 1,210 (6.3)
- 趣味・スポーツ用品 1,040 (5.4)
- その他 5,216 (27.3)

( )内は構成比：％

出典：電通総研 [2001]

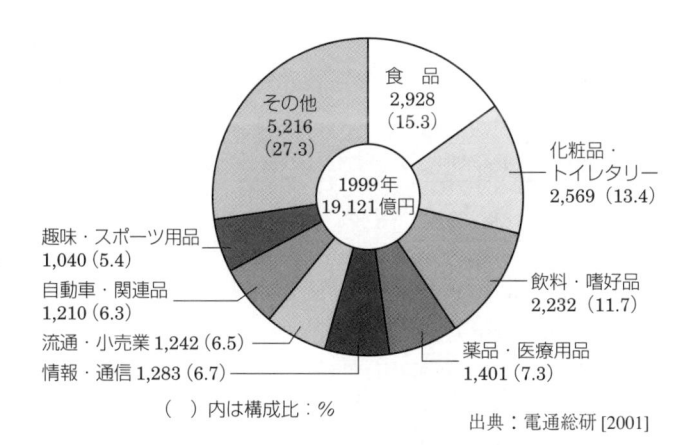

図 7.5 業種別テレビ広告費(1999年)

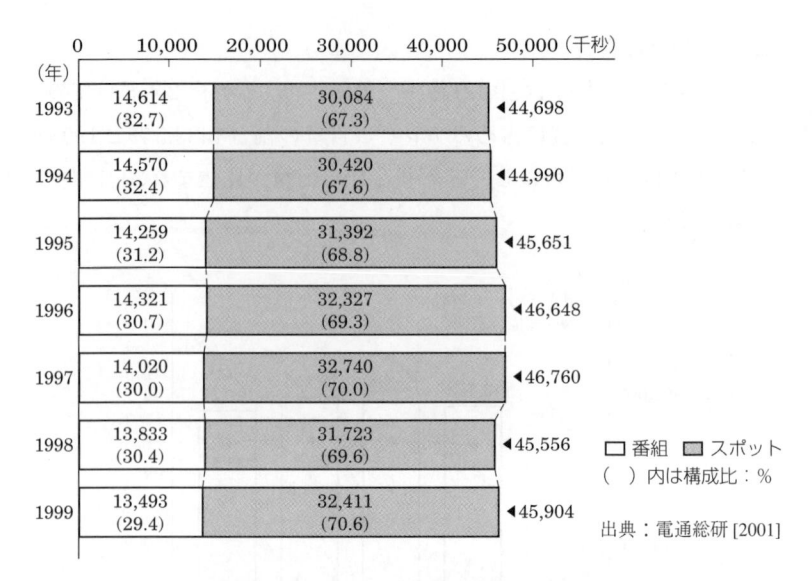

図7.6 年間テレビCM出稿量（東・阪9局計）

年	番組	構成比(%)	スポット	構成比(%)	合計
1993	14,614	(32.7)	30,084	(67.3)	44,698
1994	14,570	(32.4)	30,420	(67.6)	44,990
1995	14,259	(31.2)	31,392	(68.8)	45,651
1996	14,321	(30.7)	32,327	(69.3)	46,648
1997	14,020	(30.0)	32,740	(70.0)	46,760
1998	13,833	(30.4)	31,723	(69.6)	45,556
1999	13,493	(29.4)	32,411	(70.6)	45,904

（ ）内は構成比：％

出典：電通総研 [2001]

表7.2 テレビCM出稿量上位5ジャンル（1999年）

（a） 番組＋スポット　（単位：千秒）

順位	業種	出稿量
1	食品・飲料	12,748 (27.8)
2	サービス・娯楽	5,226 (11.4)
3	化粧品・洗剤	4,859 (10.6)
4	薬品	4,330 (9.4)
5	輸送機器	2,670 (5.8)
	全業種計	45,904

（b） 番組　（単位：千秒）

順位	業種	出稿量
1	食品・飲料	2,617 (19.4)
2	化粧品・洗剤	1,989 (14.7)
3	薬品	1,139 (8.4)
4	サービス・娯楽	971 (7.2)
5	家庭用品・機器	933 (6.9)
	全業種計	13,493

（c） スポット　（単位：千秒）

順位	業種	出稿量
1	食品・飲料	10,131 (31.3)
2	サービス・娯楽	4,256 (13.1)
3	薬品	3,191 (9.8)
4	化粧品・洗剤	2,871 (8.9)
5	輸送機器	1,859 (5.7)
	全業種計	32,411

（注）（ ）内は構成比：％，東・阪9局の出稿量

出典：電通総研 [2001]

業種別では，「食品」，「化粧品・トイレタリー」，「飲料・嗜好品」の上位3ジャンルは98年と同じであるが，金額ベースでは減少となっている．一方，「情報・通信」は1,283億円（同111.8％）と大幅な伸びとなった．

7.2.2 テレビCM

99年の年間テレビCM出稿量は，東京・大阪の民放9局合計で4,590万秒（前年比100.8％）と増加に転じた．前年大幅な減少となったスポット広告が96年のレベルまで回復したことが大きい．一方，番組CMは3年続けての減少となった．

業種別に見ると上位の項目に変化はないが，「サービス・娯楽」，「化粧品・洗剤」，「薬品」が出稿量を増やしている一方で，「輸送機器」は大幅に出稿量を減らした．番組CMの5位に「家庭用品・機器」がランクインした．

7.3 番組制作

本節では，自社制作番組と東京キー局依存などの状況について概観する．

放送時間当たりの自社制作番組比率は，10％未満の社が61社と全体の半分近い．90％以上制作している5社はいずれも東京キー局であり，東名阪を除く地方局は30％未満にとどまるケースが多い（図7.7）．

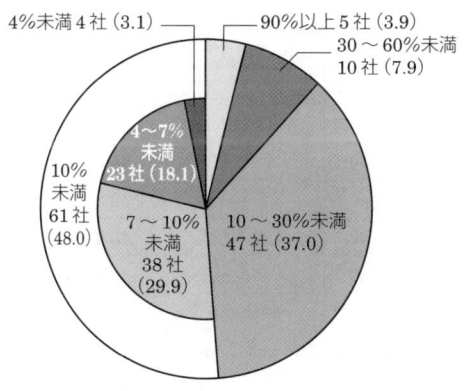

```
（ ）内は構成比：％
＊ 調査期間：2000年4月2日〜8日
                            出典：民放連 [2000]
```

図7.7 自社制作番組放送時間比率別社数（2000年）

談話室

人気タレントは誰か？

（株）ビデオリサーチ『テレビタレントイメージ』調査によると，2000年8月調査で最も人気のあるテレビタレントは，前年8月調査と同様，男性「所ジョージ」，女性「山口智子」となった．男性はトップ5のうち4人が，女性も5人中3人が常連である．

表7.3 男女タレント人気度ベスト10（各年8月調査）

(a) 男性 (%)

順位	1996年		1999年		2000年	
1	所ジョージ	58.6	所ジョージ	56.5	所ジョージ	57.9
2	イチロー	52.1	明石家さんま	54.4	明石家さんま	57.7
3	田村正和	44.5	イチロー	52.3	ビートたけし	52.6
4	明石家さんま	44.1	ビートたけし	50.8	桑田佳祐	49.9
5	野茂英雄	44.1	織田裕二	46.4	イチロー	46.3
6	西田敏行	43.2	ナインティナイン	45.4	ナインティナイン	45.9
7	緒方拳	41.8	伊東四朗	44.7	香取慎吾	45.5
8	小林稔侍	40.9	内村光良	43.9	福山雅治	45.2
9	ビートたけし	40.3	高倉健	43.5	伊東四朗	44.4
10	中村雅俊	39.5	長嶋茂雄	43.3	爆笑問題	43.3

(b) 女性 (%)

順位	1996年		1999年		2000年	
1	山口智子	54.2	山口智子	47.6	山口智子	47.6
2	飯島直子	43.2	中村玉緒	46.1	Dreams Come True	44.2
3	小泉今日子	40.1	小泉今日子	45.9	中村玉緒	44.0
4	西田ひかる	40.1	室井滋	43.2	松嶋菜々子	43.2
5	和久井映見	39.7	久本雅美	43.0	室井滋	42.3
6	田中美佐子	39.7	市原悦子	42.8	久本雅美	40.4
7	吉永小百合	39.2	松嶋菜々子	41.5	藤原紀香	38.9
8	Dreams Come True	38.6	Dreams Come True	41.5	飯島直子	38.3
9	浅野ゆう子	37.3	樹木希林	40.9	樹木希林	38.1
10	市原悦子	37.1	鈴木京香	40.7	市原悦子	36.6
					水野真紀	36.6

（出典：ビデオリサーチ，テレビタレントイメージ，各年8月調査をもとに作成）

出典：電通総研[2001]から孫引き

第7章 放送事業(2) サービスと利用状況

新規UHF局などでは,「地元ニュース」,「気象情報」,「地元広報番組」以外は系列の在京・在阪の番組をそのまま放送しているケースも見られる.逆に,特定のネットに属さない独立UHF局は,総じて自社制作番組の放送時間は長い(**表7.4**).

表7.4 ネットワーク局と自社制作番組放送時間の割合(2000年)

(単位:%)

	日本テレビ系	TBS系	フジテレビ系	テレビ朝日系	テレビ東京系	独立UHF系
東 京	日本テレビ 92.3	TBS 91.5	フジテレビ 94.3	テレビ朝日 93.9	テレビ東京 98.3	東京メトロポリタンテレビジョン 41.8
大 阪	読売テレビ 22.9	毎日放送 31.4	関西テレビ 28.8	朝日放送 35.7	テレビ大阪 19.2	サンテレビジョン 35.4
愛 知	中京テレビ 16.1	中部日本放送 20.1	東海テレビ 20.4	名古屋テレビ 17.0	テレビ愛知 9.6	岐阜放送 13.8
北海道	札幌テレビ 24.0	北海道放送 13.8	北海道文化放送 13.0	北海道テレビ 12.9	テレビ北海道 7.4	―
福 岡	福岡放送 13.1	RKB毎日放送 17.9	テレビ西日本 13.4	九州朝日放送 26.2	TXN九州 7.6	―

(注) 調査期間:2000年4月2日〜8日

出典:民放連[2000]

7.4 テレビ視聴率

本節では,テレビはいつどの程度見られているかを,数量的に把握する.

7.4.1 時間帯別各局別視聴率

関東地区での調査結果は**図7.8**のとおりで,NHK総合が比較的安定している一方,民放各局間では「勝ち組」と「負け組」が明暗を分けている.

7.4.2 番組ジャンル別視聴率

同じく関東地区における番組ジャンル別の放送時間,視聴分数,視聴率の動きを見ると,「報道」の減少が止まらぬ一方,視聴分数が増加したのは「芸能」,「スリラーアクション」,「音楽」の3ジャンルのみとなった.視聴率は「芸能」,「音楽」,「一般実用」,「劇場用映画」の4ジャンルが98年を上回った.放送分数もこれらのジャンルを中心に増やしている.

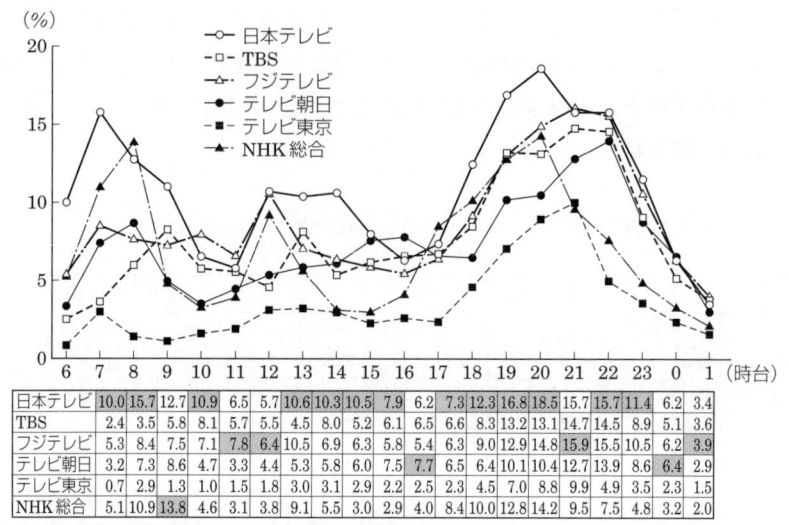

図 7.8 時間帯別各局世帯視聴率（1999年/関東地区）

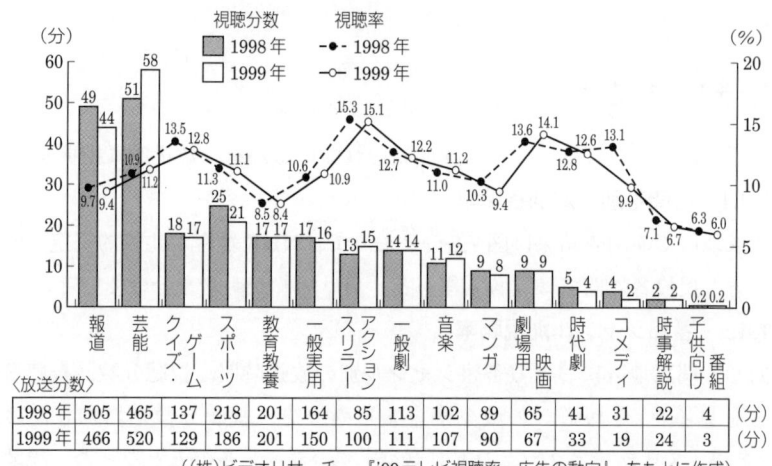

時台	6	7	8	9	10	11	12	13	14	15	16	17	18	19	20	21	22	23	0	1
日本テレビ	10.0	15.7	12.7	10.9	6.5	5.7	10.6	10.3	10.5	7.9	6.2	7.3	12.3	16.8	18.5	15.7	15.7	11.4	6.2	3.4
TBS	2.4	3.5	5.8	8.1	5.7	5.5	4.5	8.0	5.2	6.1	6.5	6.6	8.3	13.2	13.1	14.7	14.5	8.9	5.1	3.6
フジテレビ	5.3	8.4	7.5	7.1	7.8	6.4	10.5	6.9	6.3	5.8	5.4	6.3	9.0	12.9	14.8	15.9	15.5	10.5	6.2	3.9
テレビ朝日	3.2	7.3	8.6	4.7	3.3	4.4	5.3	5.8	6.0	7.5	7.7	6.5	6.4	10.1	10.4	12.7	13.9	8.6	6.4	2.9
テレビ東京	0.7	2.9	1.3	1.0	1.5	1.8	3.0	3.1	2.9	2.2	2.5	2.3	4.5	7.0	8.8	9.9	4.9	3.5	2.3	1.5
NHK総合	5.1	10.9	13.8	4.6	3.1	3.8	9.1	5.5	3.0	2.9	4.0	8.4	10.0	12.8	14.2	9.5	7.5	4.8	3.2	2.0

*1 網かけは各時間帯でもっとも高い世帯視聴率
*2 月1日平均

（図表 I-17-25～26：(株)ビデオリサーチ，『テレビ視聴率年報1999（関東地区）』，をもとに作成）

出典：電通総研[2001]から孫引き

図 7.9 1日1世帯当たり番組ジャンル別放送分数・視聴分数・平均視聴率（関東地区/18～24時）

〈放送分数〉	報道	芸能	クイズ・ゲーム	スポーツ	教育教養	一般実用	アクションスリラー	一般劇	音楽	マンガ	劇場用映画	時代劇	コメディ	時事解説	子供向け番組	
1998年	505	465	137	218	201	164	85	113	102	89	65	41	31	22	4	(分)
1999年	466	520	129	186	201	150	100	111	107	90	67	33	19	24	3	(分)

（(株)ビデオリサーチ，『'99テレビ視聴率・広告の動向』，をもとに作成）

出典：電通総研[2001]から孫引き

第7章　放送事業 (2)　サービスと利用状況

談話室

視聴率1％はいくらに当たる？

　テレビ（放送）番組をどれだけの人々，あるいは世帯が視聴しているかを示す割合を視聴率という．個別番組についての番組視聴率をはじめ，特定の時間帯（1日のうちでの一定の時間単位）での視聴率，番組内の1分ごと，5分ごとなどの視聴率としても測定される．視聴率には，個人視聴率と世帯視聴率があり，前者は全国あるいは特定の地域を選び，そこに居住する一定年齢以上の個人を対象に，後者は世帯を単位にして調査する．世帯視聴率は，機械によるメータ調査で行われ，24時間休みなく稼働しているため，テレビ受像機の作動状態が，ビデオ録画（録画率）と再生（再生率）も含めて，1分単位で明らかになる．

　このような調査は，サンプルの数が大きいほど正確な推定ができる．視聴率の問題点の1つは，このサンプル数が200〜300と少ないことである．

　例えば，250人のサンプルで視聴率20％の場合には，推定の理論により「視聴率が15.1％と24.9％の間にある確率が95％と推定できる」という大ざっぱな結論しか出ない．「視聴率が1％落ちた」などという話は，統計的には無意味なのである．

　しかし，テレビ業界では，この「視聴率神話」がなかなかなくならない．なぜかというと，我が国全体の世帯数は約4,700万世帯であるから，全国ネットの番組の世帯視聴率1％の差は47万世帯，1世帯当り2.66人として125万人の差に当たるからである．100万人以上という数値は，広告を出すスポンサー，広告代理店，番組を制作する会社，テレビ局のいずれにとっても，死命を制するほどの重みを持っているわけである．

本章のまとめ

① 　地上波放送は日本全国どこでも見られるようになったが，何チャネルが見られるかは地域によってバラツキがある．また，ジャンル別放送時間も民放，NHKによって特色がある．

② 　民放テレビを支える広告費は，ほぼ安定的に推移している．出稿社の中では情報，通信の伸びが目立つ．テレビCMの出稿が多いのは食

品，飲料，サービス，娯楽，化粧品，洗剤，薬品などである．
③　番組の自社制作の比率10％未満の局が半数近くあるなど，地方局のキー局依存は番組面で顕著である．
④　テレビの視聴率競争では，民放間の優劣がはっきりしつつある．ジャンル別では報道が減り，芸能が伸びている．

● 理解度の確認 ●

問1. 放送サービスが「全国どこに住んでいても，所得が低くても」利用できることは，電話の「ユニバーサルサービス」と似ている．放送について，「ユニバーサルサービス」という言葉がないのはなぜかを考えてみよ．

問2. 最近目についたテレビ広告にはどのようなものがあるか．なぜ目についたのか．その要因を考えてみよ．

問3. 地方局の番組を見る機会（帰省・旅行）があった場合，自社制作番組はどのようなもので，どの程度のシェアを占めているかを実測してみよ．

問4. 視聴率競争にはどのような意味があるのだろうか．また，その調査方法は信頼できるか．

第8章

CATV事業・衛星関連事業

本章では，放送事業の一種とみなされてきたが，近年の伸びがめざましく，またインターネット関連分野への可能性が開かれている，CATV事業と衛星関連事業について概観する．

8.1 CATV事業

本節では，CATV施設数，契約者数，市場規模，経営状況，自主放送の比率，多チャネル化の動向，インターネット関連ビジネスの動向などについて概観する．

8.1.1 施設数と契約者数

CATV施設数は漸増しているが，大規模施設は少なく，再送信のみを目的としたものが多い．

しかし，逆に契約数は2/3が大規模（許可）施設で，施設数の分布と逆転している．

96　　　　　　　　　　　電子情報通信産業

図 8.1　CATV 施設数

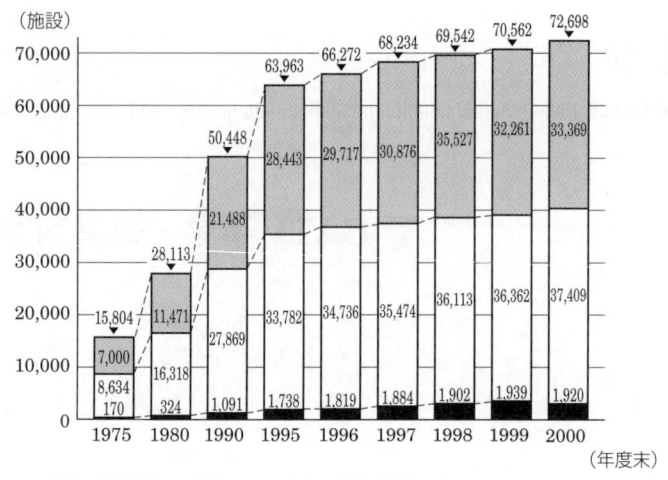

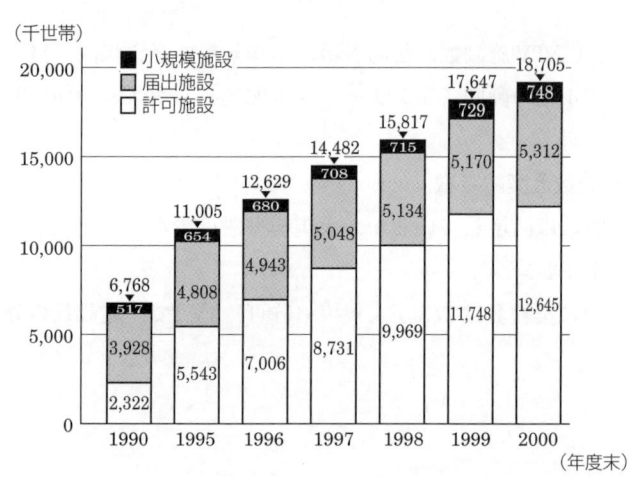

凡例:
- 小規模施設（引込端子 50 以下，同時再送信のみ）
- 届出施設（引込端子 51 以上 500 以下，及び引込端子数 50 以下で自主放送を行っている施設）
- 許可施設（引込端子 501 以上）

年度末	小規模施設	届出施設	許可施設	合計
1975	7,000	8,634	170	15,804
1980	11,471	16,318	324	28,113
1990	21,488	27,869	1,091	50,448
1995	28,443	33,782	1,738	63,963
1996	29,717	34,736	1,819	66,272
1997	30,876	35,474	1,884	68,234
1998	35,527	36,113	1,902	69,542
1999	32,261	36,362	1,939	70,562
2000	33,369	37,409	1,920	72,698

出典：電通総研 [2001] と総務省 [2001a] から筆者作成

図 8.2　CATV 施設別契約者数

年度末	小規模施設	届出施設	許可施設	合計（千世帯）
1990	517	3,928	2,322	6,768
1995	654	4,808	5,543	11,005
1996	680	4,943	7,006	12,629
1997	708	5,048	8,731	14,482
1998	715	5,134	9,969	15,817
1999	729	5,170	11,748	17,647
2000	748	5,312	12,645	18,705

出典：電通総研 [2001] と総務省 [2001a] から筆者作成

8.1.2 売上高・経営状況

郵政省が本格的にデータを取り始めた，1992年度以降の売上（営業収益）の推移は**表8.1**のとおりで，年々2桁の（しかもかなり高率の）成長を遂げている．

しかし，これはもともと規模が小さかったことにも由来しており，成長したといっても99年度時点で2,200億円程度の市場でしかない．これに対応する営業費用は2,450億円と収益を上回っており，単年度でも累計でも黒字の事業者は全体の23%にすぎない．

表8.1 CATVの営業収益の伸び

(単位：億円，%)

年度	1992	1993	1994	1995	1996	1997	1998	1999
営業収益	530	775	984	1,126	1,410	1,644	1,931	2,244
対前年伸び	—	46	27	14	25	17	17	16

出典：郵政省資料をもとに筆者作成

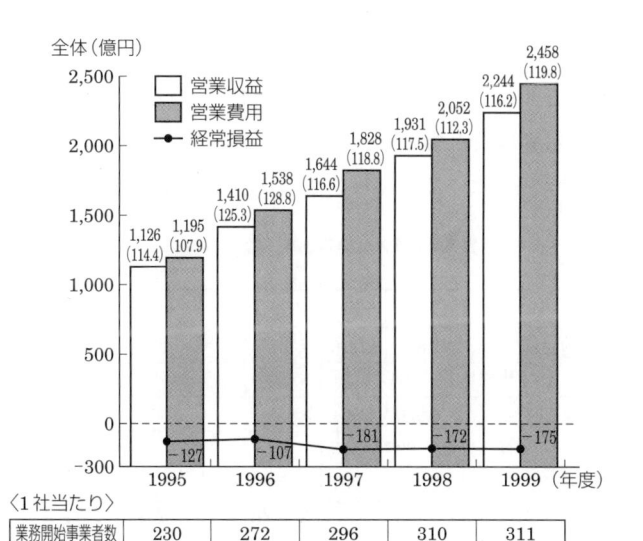

全体（億円）

	1995	1996	1997	1998	1999
営業収益	1,126 (114.4)	1,410 (125.3)	1,644 (116.6)	1,931 (117.5)	2,244 (116.2)
営業費用	1,195 (107.9)	1,538 (128.8)	1,828 (118.8)	2,052 (112.3)	2,458 (119.8)
経常損益	−127	−107	−181	−172	−175

〈1社当たり〉

業務開始事業者数	230	272	296	310	311	
営業収益	4.9 (111.4)	5.2 (105.9)	5.6 (107.1)	6.2 (112.2)	7.2 (115.8)	（億円）
営業費用	5.2 (105.1)	5.7 (108.9)	6.2 (109.2)	6.6 (107.2)	7.9 (119.4)	（億円）
経常損益	▲0.6 (69.6)	▲0.4 (71.1)	▲0.6 (155.4)	▲0.6 (90.8)	▲0.6 (101.7)	（億円）

( ) 内は前年度比：%．対象は営利目的のケーブルテレビ事業者

出典：電通総研 [2001]

図8.3 ケーブルテレビの経営状況

```
                    0       100      200      300 (者)
(年度)
 1995       74        123              ◀230
          (32.2)    (53.5)
                 33
               (14.3)
 1996       88    46    138          ◀272
          (32.4) (16.9) (50.7)

 1997       86    53    157〈2〉      ◀296
          (29.1) (17.9) (53.0)

 1998      112    66    132〈2〉      ◀310
          (36.1) (21.3) (42.6)

 1999      125    71    115〈4〉      ◀311
          (40.2) (22.8) (37.0)
```

■ 単黒・累赤
■ 単黒・累黒
□ 単赤・累赤＋単赤・累黒
◀ 事業者数

（　）内は構成比：％
〈　〉内は単赤・累黒事業者数（内数）

出典：電通総研[2001]

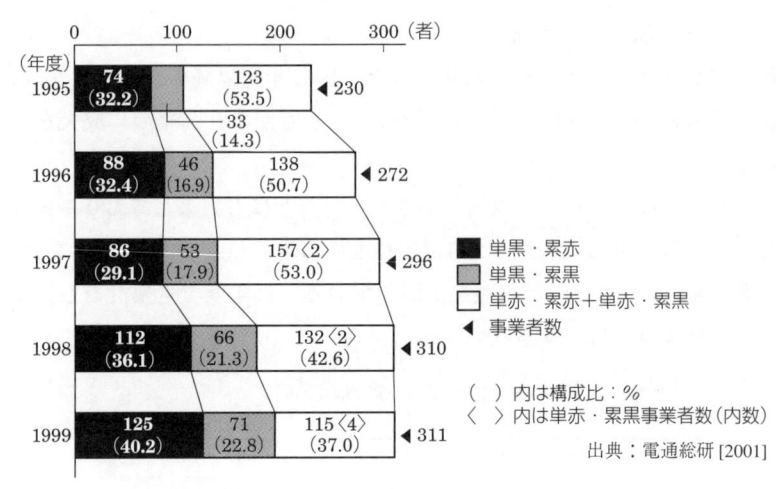

図 8.4 黒字・赤字事業者数の推移

8.1.3 自主放送

99年度末現在，自主放送を行う事業者は686（98年度は738），施設数は984（同1,030）となった．事業者数・施設数は前年度減となっているが，加入世帯数は947万と前年度（794万件）を上回っている．

1局平均の番組制作費と番組購入費の比率は，**表8.2**のようになっており，制作費の比率が低いこと，また年度によって変動しやすいことを示している．

表 8.2 番組制作費と購入費（1局平均）

(単位：万円，%)

年　度		1997	1998	1999	備　考
制作費		1,817	2,716	1,719	99年度は前年度より大幅減
	構成比	31	31	23	
購入費		4,020	5,981	5,855	
	構成比	69	69	77	
合　計		5,837	8,697	7,574	

出典：サテライト・マガジン[2001]のデータをもとに筆者作成

8.1.4 インターネットサービス

インターネット接続サービスを行うケーブルテレビ局は，2001年3月末現在201事業者となり，インターネット利用者も78万1,000人と急増している．CATVインターネットは，番組配信に利用されていない空き帯域を利用した

第8章　CATV事業・衛星関連事業

サービスで，低価格で常時接続が可能，一般の電話回線やISDNよりも通信速度が速いといった点が特徴である．CATV提供エリア内において急速に普及しており，CATV加入促進要因の1つになっている．

(者)

1999年3月	6月	9月	12月	2000年3月	6月	9月	12月	2001年3月
40	59	65	84	89	122	152	188	201

出典：総務省資料をもとに筆者作成

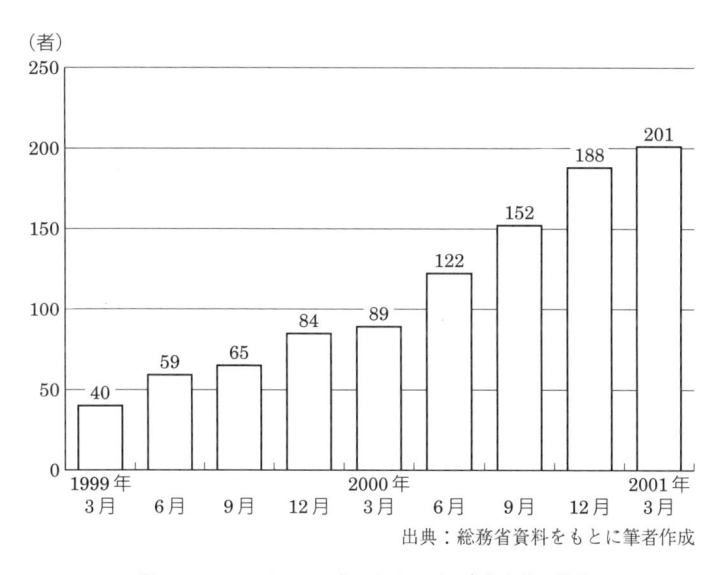

図 8.5　CATVインターネットサービス事業者数の推移

(万人)

1999年3月	6月	9月	12月	2000年3月	6月	9月	12月	2001年3月
3.2	6.6	9.2	15.4	21.6	32.9	46.3	62.5	78.1

出典：総務省資料をもとに筆者作成

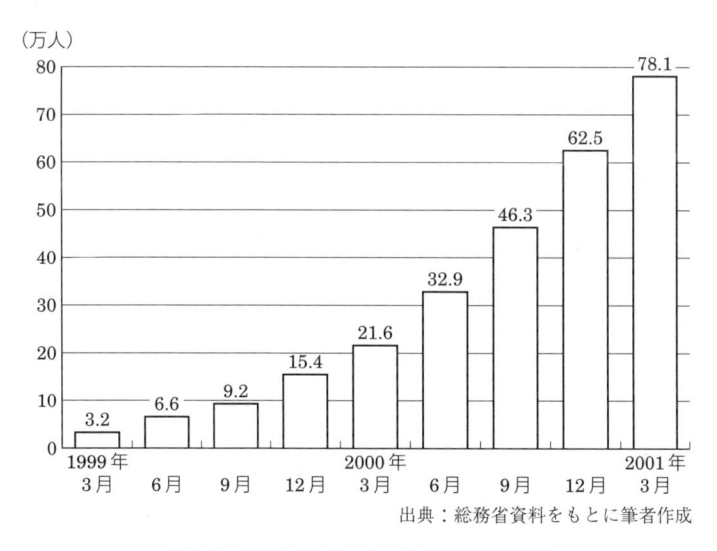

図 8.6　CATVインターネットの利用者数推移

> **日米のCATVの差** 談話室
>
> 　日米情報格差を論ずる場合必ず問題になるのが，CATVの彼我の差である．アメリカのCATVは3兆円以上の売上規模があり，日本の15倍以上である．
> 　この差の原因は多チャネルの必要性という側面と，CATVの運営に固有の問題の2つに分けて論ずることができる．
> 　(1) 多チャネルの必要性
> 　　　－アメリカは多言語・多民族国家なので，言語別チャネルの需要が高い．
> 　　　－時差があり，それに合わせた番組（ニュース，スポーツなど）の需要が高い．
> 　(2) CATVの運営に固有の問題
> 　　　－アメリカでは地上波の場合，PTAなどの倫理的反発から，アダルト系の番組の放映がほとんどなく，代替手段へのニーズが高い．
> 　　　－国土が広く地上波の不感地帯が多いので，代替手段へのニーズが高い．
> 　　　－連邦政府の政策は必ずしも一貫しないが，MSO（Multi System Operator）を認めるなど，育成策を取ってきた．
> 　このうち，(1) は日本が真似しようがない（アジア全域への展開を試みるなら別）が，(2) は両国に共通の部分もある．とりわけMSOは，CATVを全国展開するには不可欠ともいえる．旧郵政省も90年代後半になってやっとMSOを認める方向に転換したが，その成果が今後現れるだろうか．

8.2 衛星関連事業

　本節では，放送衛星・通信衛星を含めた，衛星関連ビジネスについて，サービスと契約者数，事業者の経営状況，インターネットへの取組みなどについて概観する．

8.2.1 サービスと契約の状況

(1) BS放送

　2000年12月からディジタル放送が開始され，現在，BS-4先発機を用いたアナログ放送とBS-4後発機を用いたディジタル放送のサービスが提供されている．

第8章　CATV事業・衛星関連事業

アナログ放送は，NHK 3チャネル，WOWOW 1チャネルのテレビジョン放送のほか，1社がPCM（Pulse Code Modulation）音声放送を実施している．また，ディジタル放送については，NHKと民間放送7社のテレビジョン放送のほか，10社（サイマル放送を行う事業者を含む）の超短波放送，9社（同前）のデータ放送が行われている．

(2) CS放送

ディジタル放送については，現在，JCSAT-3及びJCSAT-4を用いてスカイパーフェクTVが，SUPERBIRD-Cを用いて有線ブロードネットワークスが，それぞれ番組を提供している．一方，アナログ放送については，JCSAT-2を利用した1社がPCM音声放送を提供しているのみである．

BSについては契約件数は，2000年度末現在，NHKが1,062万件（対前年同期比5.5％増），WOWOWが265万件となっており，一方CSはスカイパー

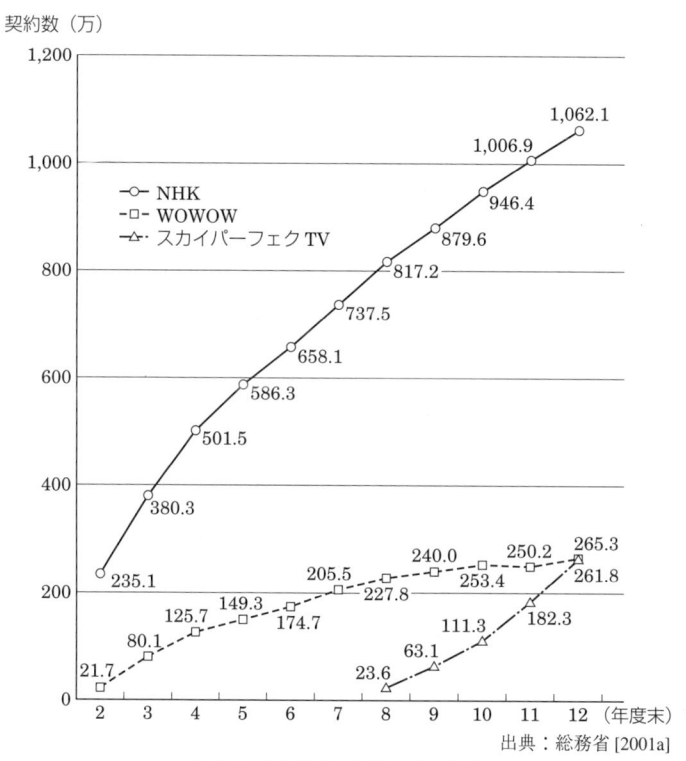

図8.7　衛星放送の契約件数の推移

出典：総務省[2001a]

フェクTVが2001年3月末現在262万件（対前年同期比43.6％増）となっている．

8.2.2 経営状況

(1) BS

NHK-BSの事業収入は，受信契約者の順調な伸びで増収を続け92年度に黒字に転換し，99年度に1,000億円の大台を超えた．事業収支も49億円となり，8年連続の黒字となった．WOWOWの営業収入は628億円と前年度を25億円下回ったが，当期利益では63億円と5年連続の黒字決算となっており，これに伴い累積損失は127億円まで減少した．

(2) CS

BSに比較するとCSの経営状況は芳しくない．ディレクTVが1,327億円の未処理損失を残して放送を終了し，スカイパーフェクTV1社が残った．しかし，同チャネルを運営するプラットフォーム事業者のスカイパーフェクト・コミュニケーションズは5期連続赤字で赤字幅も拡大している．

CSの委託放送事業者のうちテレビジョン事業者だけを見ても，**表8.3**のとおり業績不振である．

表8.3 CSテレビジョン委託放送事業者の経営状況

(単位：億円)

年度	1997	1998	1999
営業収益	187	604	961
営業費用	429	1,009	1,430
当期損益	▲246	▲424	▲500

*1 CSテレビジョン放送の対象事業者数は，97年66社，98年96社，99年101社
*2 四捨五入のため，端数が一致しないことがある．

出典：郵政省[2000b]

8.2.3 衛星インターネット

衛星方式は双方向性に欠けるが，大量情報のダウンロードには向いているので，一時はインターネットの有力な手段の1つと考えられた．しかし，第5章で触れた（**図5.5**）のように，現状では衛星の接続方法として10％にも達していない．

第8章　CATV事業・衛星関連事業

談話室

ディレクTVの日米の明暗はどこで分かれたか？

　テレビ先進国であり地上波とCATVを合わせれば何チャネルも見られるアメリカで，1994年に創業したディレクTVが「あれよあれよ」という間に成長していった．ところが，同じディレクTVが日本ではスカイパーフェクTVに敗れて，廃業の憂き目にあっている．明暗を分けた条件とは何だろうか．

　まず，アメリカではスクランブル化された番組の送信は，放送ではなく通信と位置づけられるため，コンテンツ規制がかからない．加えて周波数の割当てを受ける以外コンデュイット規制もないので，ディレクTVは番組パッケージを自在に組み合わせ，顧客管理を行うプラットフォーム事業者として，いわばマーケティングで伸びてきた．

　ところが，日本ではCSを使っていても，番組を「公衆」（不特定または多数）へ無線送信するのは放送と規定されている．そこで，番組を流す個々の主体が「委託放送事業者」としての認定を要する一方，プラットフォーム事業者は法的には影の人になっている．

　このあたりのビジネスモデルの差が，規制のあり方に関する認識ギャップとなって，微妙な影を落としていたようである．もちろん，ディレクTVはアメリカではfirst runnerであったが，日本ではlate comerであったため，各種のハンディがあったことも事実であろうが．

本章のまとめ

① 　CATV事業は年々成長しているが，アメリカと比較するまでもなく，規模が小さい．しかし，加入者比では許可施設（引込端子501以上の大型施設）の加入者が全体の2/3を占めている．

② 　CATVの経営状況は厳しく，黒字（単年度と累計）は全体の20％強にすぎない．また，自主放送が少なく，番組購入に頼っている．

③ 　今後期待されるサービスにCATVインターネットがあり，急速に伸びている．

④ 　衛星分野では，BSが一人立ちしつつある一方，CSは委託放送事業者，プラットフォーム事業者ともに赤字に悩んでいる．

⑤ 　衛星インターネットも，現状では期待外れである．

● 理解度の確認 ●

問1. CATV事業は再送信が主か，自主番組やインターネット接続などが主か，過去・現在・未来に分けて考えてみよ．

問2. 地域密着型のCATVと，MSOによるチェーン展開との得失について，CATV経営者になったつもりで考えてみよ．

問3. 衛星による番組を，地上波テレビの番組と差別化することは可能か．

問4. CS放送の苦境脱出策は何か．

第 9 章

情報サービス事業

　本章ではコンピュータを使った情報サービス，すなわち情報サービス事業について解説する．本書で定義した「電子情報通信産業」は「オンライン情報流通」の部分なので，情報サービス事業のごく一部だけが本来の考察対象であるが，ここではやや前広に考察する．その理由は本文をお読みいただきたい．

9.1 情報サービス事業と電子情報通信産業

　本節では，情報サービス事業と（本書の考察対象である）電子情報通信産業の関係について概観する．

9.1.1 概念枠組み

　コンピュータを使った業務処理や情報検索など（ここでは一括して，「情報処理」という）は，会社や個人が自ら行うこともできるし，他社に委託することもできる．また，その利用態様にはオンラインとオフラインがある．

　この両者を軸に，世間で広く行われている情報処理活動を分類すると，**表9.1**のようになる．この枠組みは林［1988］で提案したものである．

　その際想定していたのは，①はしだいに減少し，①→②→④あるいは①→③→④という流れが加速して，最終的には④が伸びるであろう，ということであった．

　ところが，現時点での④，すなわちオンライン情報（処理）サービス事業

表 9.1　情報処理の分類

社内・委託別 オフライン・オンラインの別	社内処理	委託処理
オフライン	①	②
オンライン	③	④

出典：林 [1988]

者の売上高は，2.1節で述べたとおり1兆円にも満たず，期待を裏切っている．これはどうしたことだろうか．

実は表9.1をもとに上記のような想定をした時代は，コンピュータは大型機が主力であった．大型機は高価で，それを自ら購入できるのが大企業などに限られるとすれば，他は情報サービス専業者に依存せざるをえないから，想定にはそれなりの根拠があった．

ところが，80年代の後半にパソコンが普及して小型化の時代に転換し，90年代はインターネットが登場して「ネオダマ」（談話室参照）は不可逆となった．上記の想定との関連でいえば，①，②，③が大幅に伸びて，④だけが伸びるという想定を覆してしまった，ということである．したがって，本節では，まず④を取り上げるが，①〜④すべてを視野に入れた分析も併せて行うことにしよう．

9.1.2　電子情報通信産業としての情報サービス事業

電子情報通信産業を，本書におけるように「電子的手段による情報の流通を担う産業」と狭く定義することは，前述の④だけを考察対象にするということである（第1章参照）．

ところが，①→②→④あるいは①→③→④という流れは現実のものとならず，①，②，③，④それぞれが伸びているし，④の伸びよりも①，②，③の伸びのほうが大きいようである．因みに「特定サービス産業実態調査」によれば，業界全体（すなわち②＋④）の伸びは20年で約15倍だが，①＋③はパソコンの導入によって測定不可能な単位になってしまったと見るべきであろう．

9.2 情報サービス事業全体

本節では，表9.1における②＋④，すなわちオンラインかオフラインかにかかわらず，業として情報サービスを行っている事業者の動向について分析する．

9.2.1 売上高の推移

この分野の統計は「特定サービス産業実態調査」であるが，1998年に調査対象事業所の拡大がなされたので，統計の継続性の面でやや難点がある．

しかし，一応この統計を信頼するとすれば，99年度の市場規模は約10兆円，従業員1人当たりの売上高は約1,900万円となる．

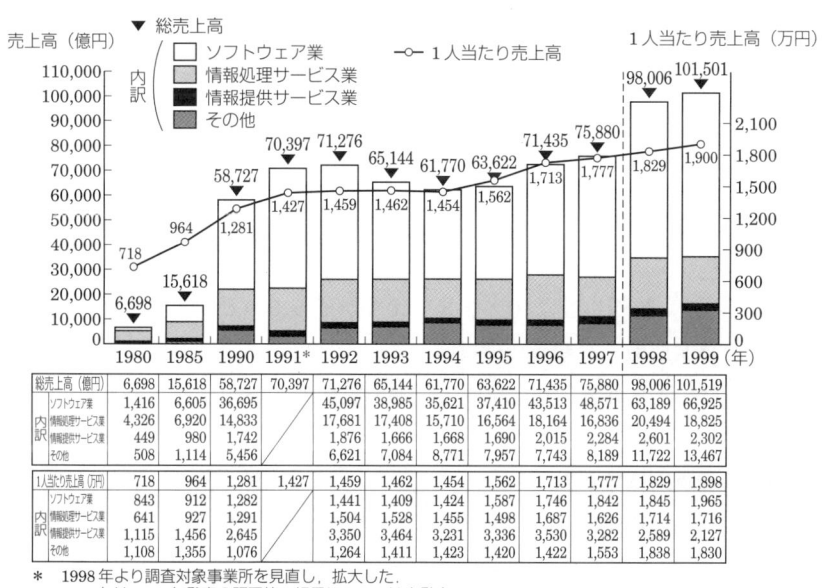

	1980	1985	1990	1991*	1992	1993	1994	1995	1996	1997	1998	1999
総売上高（億円）	6,698	15,618	58,727	70,397	71,276	65,144	61,770	63,622	71,435	75,880	98,006	101,519
内訳 ソフトウェア業	1,416	6,605	36,695		45,097	38,985	35,621	37,410	43,513	48,571	63,189	66,925
内訳 情報処理サービス業	4,326	6,920	14,833		17,681	17,408	15,710	16,564	18,164	16,836	20,494	18,825
内訳 情報提供サービス業	449	980	1,742		1,876	1,666	1,668	1,690	2,015	2,284	2,601	2,302
内訳 その他	508	1,114	5,456		6,621	7,084	8,771	7,957	7,743	8,189	11,722	13,467
1人当たり売上高（万円）	718	964	1,281	1,427	1,459	1,462	1,454	1,562	1,713	1,777	1,829	1,898
内訳 ソフトウェア業	843	912	1,282		1,441	1,409	1,424	1,587	1,746	1,842	1,845	1,965
内訳 情報処理サービス業	641	927	1,291		1,504	1,528	1,455	1,498	1,687	1,626	1,714	1,716
内訳 情報提供サービス業	1,115	1,456	2,645		3,350	3,464	3,231	3,336	3,530	3,282	2,589	2,127
内訳 その他	1,108	1,355	1,076		1,264	1,411	1,423	1,420	1,422	1,553	1,838	1,830

* 1998年より調査対象事業所を見直し，拡大した．
* 1991年は1992年発表の訂正値．細目については未発表．

出典：経済産業省 [2001]

図 9.1 情報サービス業の売上高及び1人当たりの売上高

9.2.2 業務内容別売上高

同じく「特定サービス産業実態調査」において，業務内容別売上高を見ると，ソフトウェア開発，プログラム作成が60％以上を占め，（オンライン，

年	オン・オフ ライン 情報処理	ソフトウェア 開発・プログ ラム作成	キーパンチ などデータ の書き込み	マシン タイム 販売	システム など管理 運営受託	データ ベース サービス	各種調査	その他	合計（億円）
1995	9,764 (15.3)	36,971 (58.1)	348 (0.5)	1,775 (2.8)	3,563 (5.6)	1,973 (3.1)	2,395 (3.8)	6,831 (10.7)	63,622
1996	10,520 (14.7)	42,591 (59.6)	437 (0.6)	1,887 (2.6)	3,960 (5.5)	2,354 (3.3)	2,490 (3.5)	7,195 (10.1)	71,435
1997	10,418 (13.7)	46,685 (61.5)	443 (0.6)	1,732 (2.3)	4,267 (5.6)	2,578 (3.4)	2,666 (3.5)	7,090 (9.3)	75,880
1998	11,837 (12.1)	60,253 (61.5)	615 (0.6)	2,179 (2.2)	6,885 (7.0)	2,910 (3.0)	3,458 (3.5)	9,869 (10.1)	98,006
1999	11,949 (11.8)	63,872 (62.9)	668 (0.7)	1,918 (1.9)	7,302 (7.2)	2,683 (2.6)	3,469 (3.4)	9,623 (9.5)	101,519

（　）内は構成比：％

出典：経済産業省 [2001]

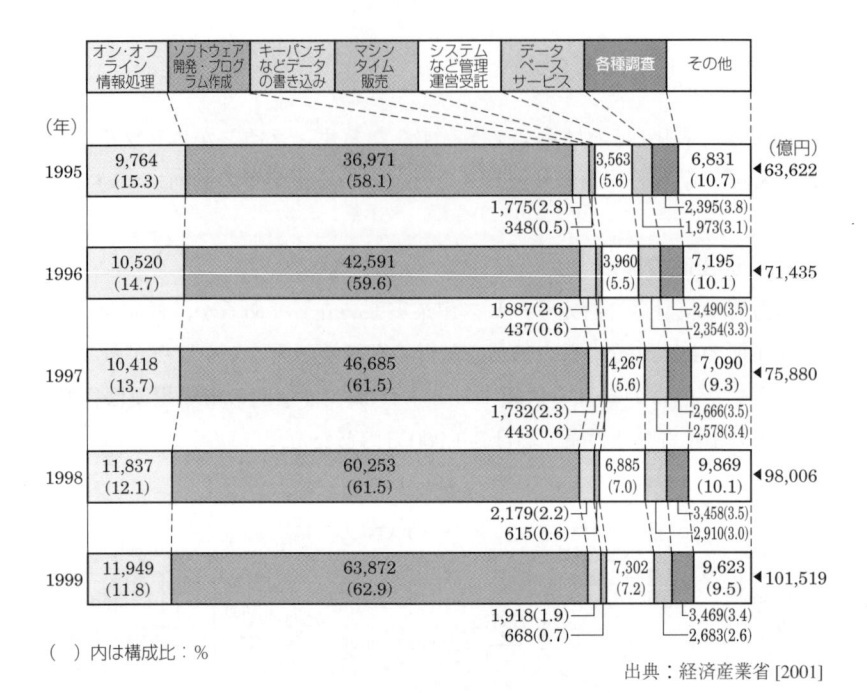

図 9.2　情報サービス業の業務内容別売上高

オフラインの）情報処理は 10％強まで比率が下っている．

9.2.3　事業所数・従業員数の推移

事業所数・従業員数ともに統計の把握方法が変わったこともあり，一般的なトレンドを見いだすことは難しい．

9.2.4　職種別従業員数

SE（System Engineer）が全体の 40％程度，プログラマが 20％程度となっている．また，男女比は 3：1 でほぼ一定である．

9.2.5　地域別事業所数・従業員数・年間売上高

全般的に大都市集中の傾向が見られ，とりわけ売上高は半分以上が東京である．

第9章 情報サービス事業

図9.3 情報サービス業の事業所数・従業員数

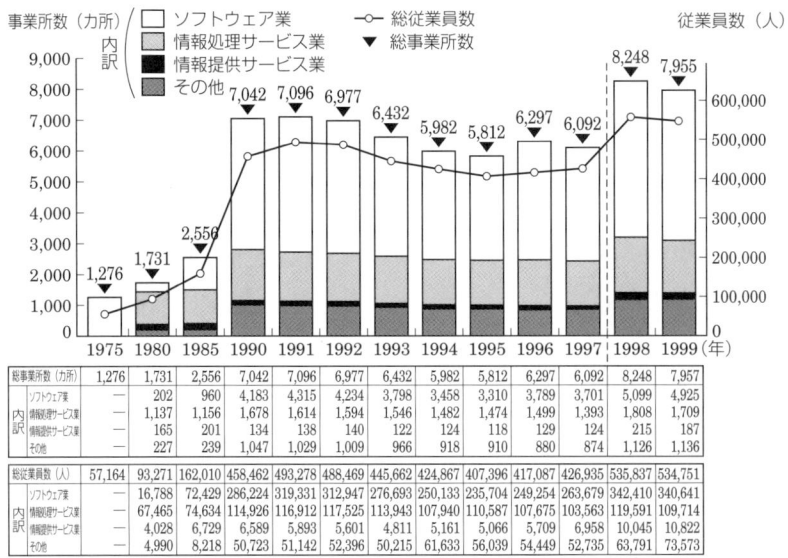

	1975	1980	1985	1990	1991	1992	1993	1994	1995	1996	1997	1998	1999
総事業所数 (カ所)	1,276	1,731	2,556	7,042	7,096	6,977	6,432	5,982	5,812	6,297	6,092	8,248	7,957
内訳 ソフトウェア業	—	202	960	4,183	4,315	4,234	3,798	3,458	3,310	3,789	3,701	5,099	4,925
情報処理サービス業	—	1,137	1,156	1,678	1,614	1,594	1,546	1,482	1,474	1,499	1,393	1,808	1,709
情報提供サービス業	—	165	201	134	138	140	122	124	118	129	124	215	187
その他	—	227	239	1,047	1,029	1,009	966	918	910	880	874	1,126	1,136
総従業員数 (人)	57,164	93,271	162,010	458,462	493,278	488,469	445,662	424,867	407,396	417,087	426,935	535,837	534,751
内訳 ソフトウェア業	—	16,788	72,429	286,224	319,331	312,947	276,693	250,133	235,704	249,254	263,679	342,410	340,641
情報処理サービス業	—	67,465	74,634	114,926	116,912	117,525	113,943	107,940	110,587	107,675	103,563	119,591	109,714
情報提供サービス業	—	4,028	6,729	6,589	5,893	5,601	4,811	5,161	5,066	5,709	6,958	10,045	10,822
その他	—	4,990	8,218	50,723	51,142	52,396	50,215	61,633	56,039	54,449	52,735	63,791	73,573

* 1998年より調査対象事業所を見直し，拡大した．

出典：経済産業省 [2001]

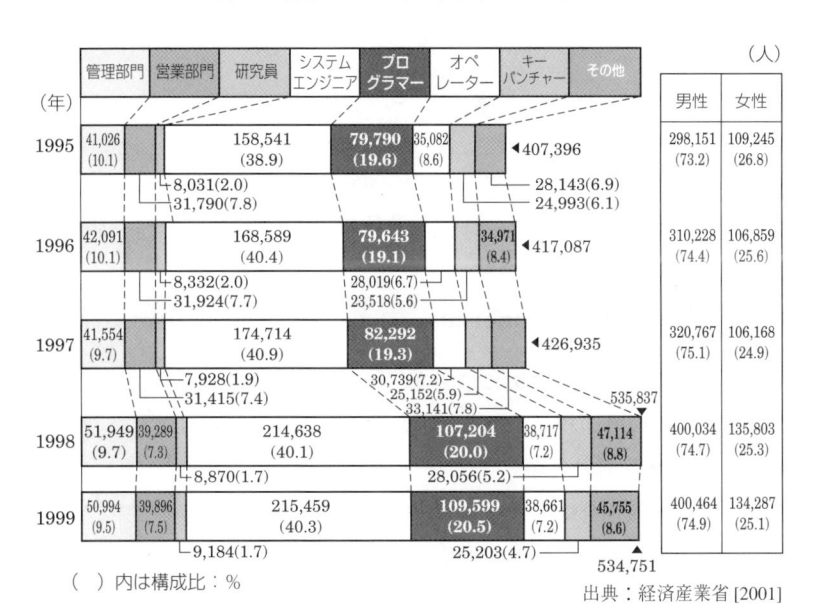

図9.4 情報サービス業職種別従業員数

( ) 内は構成比：％

出典：経済産業省 [2001]

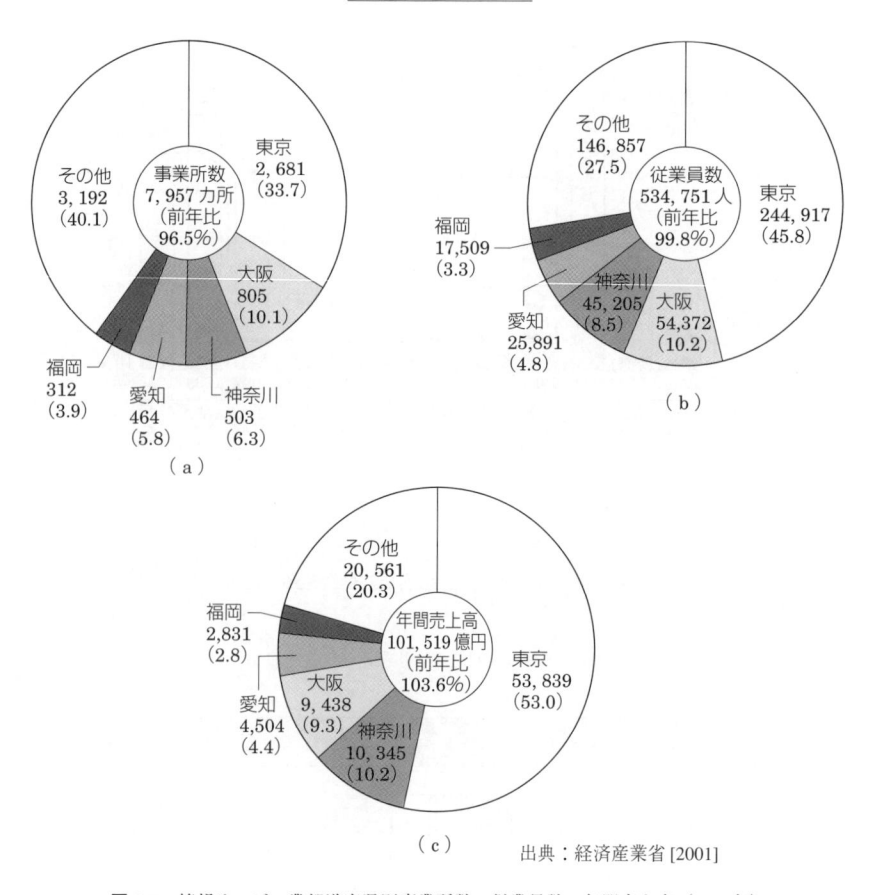

図 9.5 情報サービス業都道府県別事業所数・従業員数・年間売上高（1999年）

出典：経済産業省 [2001]

9.3 電子商取引（e-commerce）

本節では，最近はやり言葉にさえなっている，電子商取引（e-commerce）とは何か，どの程度の規模になっているのか，などを概観する．

9.3.1 電子商取引の分類

取引主体は大別すれば，企業と家計である．これら主体間の取引形態は**表9.2**のようになり，企業−企業，企業−家計が主たる形態であること

表 9.2 電子商取引の分類

取引主体 対　象	企業→企業	企業→家計
中間財（原材料）	B to B	B to C
最終消費財	B to B	

第9章　情報サービス事業

談話室

「ネオダマ」あるいは「ネオダマモ」

　1981年のIBM-PCの発売は，メインフレームの王者IBM自身がパソコンにシフトしたことを示す，画期的な出来事であった．こうしたコンピュータ自身の小型軽量化への動きは，産業全体を「軽薄短小」（重厚長大の反対で，産業構造が，軽くて薄く，短く小さいものへとシフトしていることを示す熟語）へと導いていった．

　90年代に入ると，インターネットの急速な普及があって，パソコンとネットワークが一体化していき，「ネオダマ」という熟語を生んだ．これは，ネットワーキング，オープンシステム，ダウンサイジング，マルチメディアの頭文字を取ったもので，時代の変化をよく表していた．

　私は当時アメリカに住んでいたが，日本語の「ネオダマ」は語呂が良いが，これにぜひモバイルを加えて「ネオダマモ」というべきだと主張していた．今日の携帯の隆盛を見るとき，いささか先を読む力があったかと自負している．

から，前者をB to B（またはB2B, Business to Business），後者をB to C（またはB2C, Business to Consumer）と略すことが多い．ここで取引される財は，前者が中間財と最終消費財，後者は最終消費財である．

　なお，上記に政府（G = Government）を加えるべきだとの見方もある．

9.3.2　市場規模

　電子商取引は，企業内や企業グループに閉じたもの（イントラネット型）から，全くオープンなe-marketplace（複数の売手と買手がネット上で売買する）まで多様な形態を含み，実態を把握することが困難である．

　しかも，市場は国内で閉じるほうが難しい（日本語サイトのように，言語能力の面から結果としてほとんど国内に閉じるものもあるが）ので，市場はグローバルにならざるをえない．

　グローバルな市場規模は調査会社によってマチマチで，**表9.3**のような開きがある．

　日本の現状については，主たる市場とされるB to Bについてのデータはほとんどない．

表 9.3　2000 年の市場規模の推計値（全世界）

調査機関	市場規模 （10 億ドル）	ウェブサイト
Active Media Research	132	http://www.activmediaresearch.com/
eMarketer	286	http://www.emarketer.com/
Forrester Research	657	http://www.forrester.com/
Goldman Sachs & Co.	595	http://www.gs.com/
Ovum	247	http://www.ovum.com/

出典：http://www.emarketer.com/ereports/eglobal/ をもとに筆者作成

9.3.3　B to C の業種別利用例

我が国における B to C の業種別利用状況を見ると，パソコンが圧倒的に多く，書籍・CD は意外に少ない．金額の絶対値では，値のはる不動産や自動車が多くなっている．

表 9.4　日本における B to C 市場

（単位：億円，%）

商品・サービスセグメント	1999 年	1998 年
パソコン	510（3.60）	250（1.80）
書籍・CD	70（0.30）	35（0.14）
衣　類	140（0.09）	70（0.04）
食料品	170（0.06）	40（0.01）
趣　味	100（0.08）	35（0.03）
ギフト	15（0.03）	5（0.01）
その他物品	100（0.05）	60（0.03）
旅　行	230（0.15）	80（0.05）
エンターテインメント	30（0.02）	15（0.01）
自動車	860（0.90）	20（0.02）
不動産	880（0.20）	—
金　融	170（0.20）	15（0.02）
サービス	85（0.01）	20（0.00）
不動産を除く合計	2,480（0.10）	645（0.03）
合　計	3,360（0.11）	

出典：電子商取引実証推進協議会 [2000]

9.4 社会全体のディジタル化

本節では前節までの主としてビジネス領域での分析に対して，家計を構成する個人がどの程度ディジタル技術に触れているかを述べ，社会全体のディジタル化の指標とする．

9.4.1 社会の情報化

かつて「高度情報社会論」（談話室参照）が華やかであった1980年代初めに，情報化には**表9.5**の4つの局面があるとする見方が定着した．

この表から政府部門が落ちているのは不思議といえば不思議で，今日的には「政府の情報化（電子政府）」を含めた，5つの局面があるとしたほうが正しいかもしれない．

表 9.5　情報化の4つの局面

局　面	内　容
産業の情報化	企業内あるいは企業間においてコンピュータ利用をはじめとした情報化が高まる．
情報の産業化	情報を業とする産業（情報産業）が誕生し，成長する．
生活の情報化	家庭内にも情報機器が普及し，コンピュータなどを活用した情報利用が一般的になる．
社会の情報化	上記3つの動きにつれて，社会全体の情報化が進む．

9.4.2 生活の情報化指標

今日では，情報化とはディジタル化であるといってもよかろう．

情報文化総合研究所は，生活で扱う情報が徐々にディジタルの方向へ傾斜していることを定量化しようと試みている．すなわち，家計の消費支出に占める情報関連支出を，放送，郵便，印刷などの従来型「アナログ情報支出」と，情報機器，データ通信，磁気記憶媒体などのIT型の「ディジタル情報支出」とに区分して，生活情報化の進展度合いを分析している．それによると，ディジタル情報支出が全情報関連支出に占める割合は，93年度から上昇を続けており，97年には約10％に達した（**図9.6**）．これにより，生活がディジタル情報への依存度をしだいに高めていることを読み取ることができる．

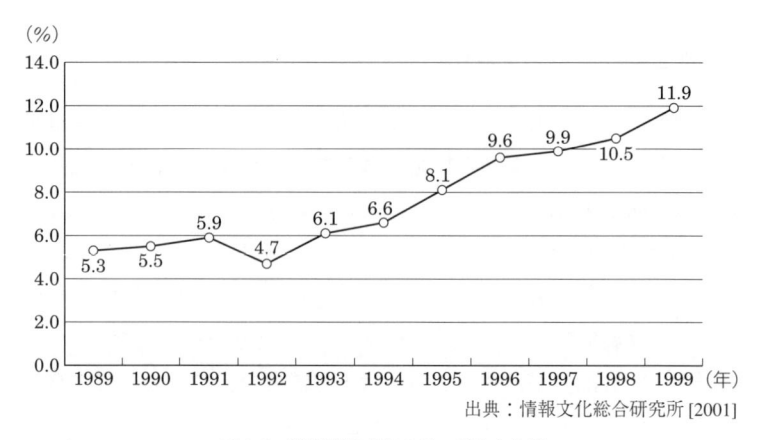

図 9.6 情報関連支出のディジタル化率

出典：情報文化総合研究所 [2001]

談話室

情報化社会論の系譜

　「情報化社会」とか「情報社会」という言葉は，日常何気なく使っていて，誰が最初に使い始めたのかなど，気にしない人が多いだろう．しかし，この用語は日本で生み出されて世界に広まったもので，人文・社会科学の分野では数少ない日本発のアイディアである（梅棹［1988］など参照）．

　因みに1969年に行われた「情報化社会」に関する日米の国際会議で，林雄二郎氏が「Information Society」という言葉を使ったら，著名な通訳から「そんな英語はない」といわれたとのことである（林（雄）［1995］）．

　ところで，情報化社会論の端緒となった技術は，コンピュータではなくテレビであった，というのも驚きだろう．しかし，その後の展開はやはりコンピュータの可能性をめぐってなされ，**表9.6**のような経緯をたどった．本文にある「高度情報化社会論」は80年代前半の議論である．

第9章 情報サービス事業

表 9.6　「情報化社会論」の系譜

西　暦	1960年代	70年代	80年代	90年代
時代区分	先駆的議論 (TV情報社会)	本格研究と国際交流 (コンピュータ情報社会)	第2の高まりと時間的空間的広がり (ネットワーク情報社会)	諸科学との交流具体化と更なる模索 (インターネット情報社会)
キーワード	情報産業／知識産業 脱工業社会 (Post-Industrial Society) メディア論	情報(化)社会 (第1次情報化) Johoka - Shakai Information Society	第3の波 ニューメディア('83) 高度情報化(第2次情報化) ネットワーク	マルチメディア('91) 情報ハイウェイ('91～) インターネット('93～)
実用サービス	テレビ (白黒→カラー)	コンピュータ (大型→パソコン) CATV, 文字多重放送	既存メディアを越える 既存メディアを結合する	インターネット (誰にでも使える?)
コンピュータ発達史	'64 IBM360シリーズ '67 半導体メモリー '67 MIS視察団 '69 ARPANET	'70 DECのPDP11 '72 パーソナル電卓 '74 IBMのSNA インテルの8080 モトローラ6800 '77 アップルⅡ '79 キャプテンシステム	'81 IBM-PC マイクロソフトのMS-DOS '83 ファミコン TCP/IPがUNIXに標準実装 '83 サンタフェ研究所(実際の活動は'86から) '84 INSモデル実験 '87 電子手帳	'90 WWW '91 モンスターTV (越境テレビ) '93 モンデックス '94 ネットスケープ '95 Windows 95 Java '96 アメリカ通信法改正

出典：林 [2000]

> **本章のまとめ**
>
> ① 情報サービス事業はソフトウェア業，情報処理サービス業，情報提供サービス業などを含む，広い概念である．
> ② このうち電子情報通信産業に該当するのは，オンライン情報処理＋オンライン情報提供で，かつてはこの分野の急速な伸びが予測された．
> ③ しかし，コンピュータの小型化に伴って，会社や個人が自前で情報処理が行えるようになったため，上記分野だけが発展するのではなく，自前処理も含めた広義の情報処理が伸びている．
> ④ 情報サービス産業の市場規模は約10兆円で，そのうちソフトウェア開発，プログラム作成が60％を占める．
> ⑤ 従業員は40％がSE，20％がプログラマで，男女比は3：1，東京集中の傾向が見られる．
> ⑥ 電子商取引の確かなデータは把握しにくい．
> ⑦ ディジタル技術を活用して，家庭も含め社会全体が情報化に向かっている．

● 理解度の確認 ●

問1． 情報サービス事業と電子情報通信産業の異同について述べよ．

問2． 情報サービス事業の主力サービスは何か．また，どのような職種の人が従事しているか．

問3． あなた自身または身近な人がオンラインショッピングをしたことがあるか．あるとすれば頻度，対象商品，金額などを調べてみよ．

問4． あなた自身またはあなたの家計の情報関連支出を，アナログ型とディジタル型に分け，その比率を試算してみよ．

第 10 章

情報機器保有状況，予算と時間

　電子情報通信サービスを利用するには，パソコンやテレビ受信機など，何らかの情報機器を使わなければならない．したがって，情報機器の保有状況は，この産業の浸透度を示す指標になるし，その逆も真である．

　また，家計や企業が，機器やサービスの利用のためにどれほどの支出をしているか，も同様に指標の機能を果たす．加えて家計の場合には，電子情報通信メディアとの接触に，どれほどの時間を使っているかも重要な意味を持つ．

　本章では，これらの要素をまとめて概観する．

10.1　情報機器保有状況

　本節では，家電製品や他のネットワーク型サービスと比較しながら，情報機器やインターネット利用が，どの程度の速度で家庭に普及しつつあるかを概観する．

10.1.1　情報機器保有状況

　世帯における情報機器などの経年別普及状況は**図 10.1** のとおりで，パソコンはテレビ（ほぼ100％普及）や電話（これは表では取りあげられていないが，ほぼ100％普及）には及ばないにせよ，既にファクシミリを追い抜いている．しかも，その速度が他の機器よりも急速で，単年度の出荷台数で見れば，2000年度でカラーテレビを抜いたことが際立っている（**図 10.2**）．

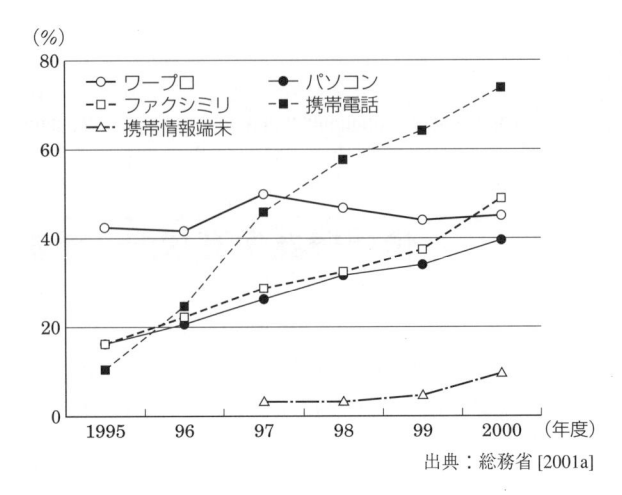

118　　　　　　　　　電子情報通信産業

図 10.1 主な情報通信機器の世帯保有率の推移

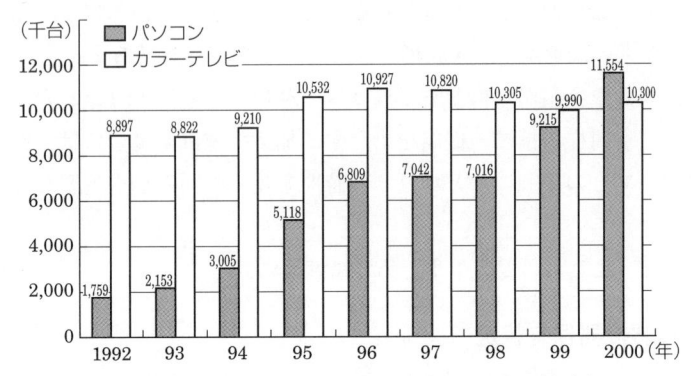

図 10.2 パソコンとカラーテレビの国内出荷台数

* カラーテレビにはハイビジョンテレビ及び液晶カラーテレビを含む

出典：総務省 [2001a]

しかも，テレビが今や家庭に2台の時代になったように，情報通信機器は1家庭に複数台入っていく可能性がある．世帯普及率と世帯当たり保有台数の関係を図示した電通総研のグラフ（**図10.3**）によれば，プッシュホンが1世帯に2台に近づいているのに対して，パソコンはまだ1家に1台を超えたばかりである．これは，今後の潜在成長力を示すものとも考えられる．

第10章 情報機器保有状況,予算と時間　　　　119

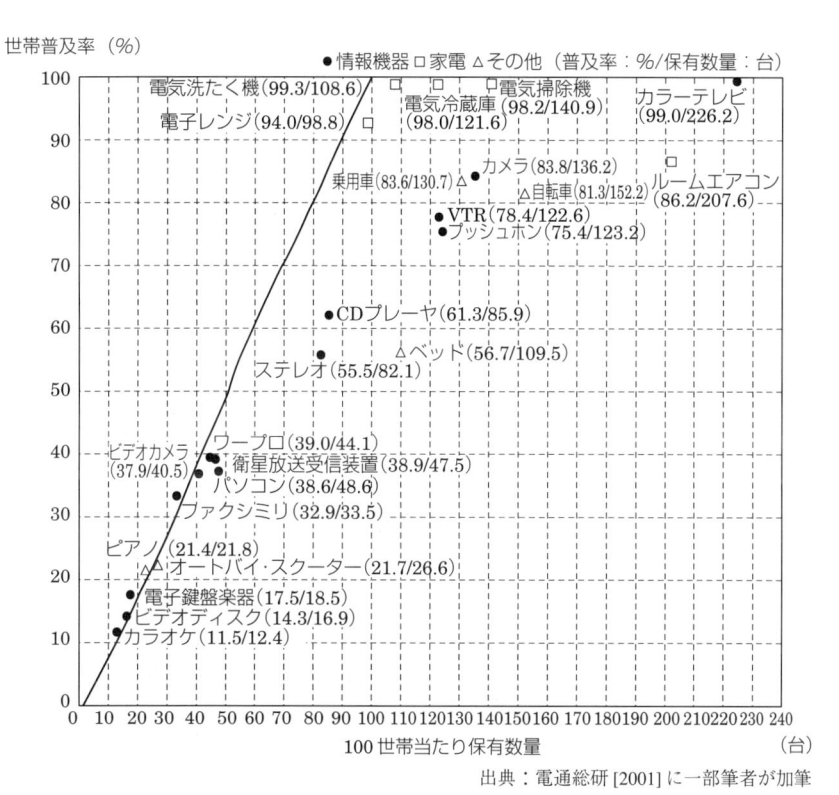

図中データ:
- 電気洗たく機 (99.3/108.4)
- 電子レンジ (94.0/98.8)
- 電気冷蔵庫 (98.0/121.6)
- 電気掃除機 (98.2/140.9)
- カラーテレビ (99.0/226.2)
- 乗用車 (83.6/130.7)
- カメラ (83.8/136.2)
- 自転車 (81.3/152.2)
- ルームエアコン (86.2/207.6)
- VTR (78.4/122.6)
- プッシュホン (75.4/123.2)
- CDプレーヤ (61.3/85.9)
- ベッド (56.7/109.5)
- ステレオ (55.5/82.1)
- ワープロ (39.0/44.1)
- ビデオカメラ (37.9/40.5)
- 衛星放送受信装置 (38.9/47.5)
- パソコン (38.6/48.6)
- ファクシミリ (32.9/33.5)
- ピアノ (21.4/21.8)
- オートバイ・スクーター (21.7/26.5)
- 電子鍵盤楽器 (17.5/18.5)
- ビデオディスク (14.3/16.9)
- カラオケ (11.5/12.4)

凡例：●情報機器 □家電 △その他（普及率：%/保有数量：台）
縦軸：世帯普及率（％）
横軸：100世帯当たり保有数量（台）

出典：電通総研[2001]に一部筆者が加筆

図10.3 情報メディア関連機器の世帯普及率と100世帯当たりの保有数量分布図（1999年度）

10.1.2　オフィスにおけるLANなどの利用状況

近年におけるオフィスの情報化は急速で，LANやイントラネットが急ピッチで導入されつつある．LANについては「全社的に導入している」が60％に近く，「構築予定」を入れると90％近くになる（**図10.4**）．また，イントラネットも「全社的に導入している」が30％近く，「構築予定」も入れると45％強である（**図10.5**）．

(年)	全社的に導入している	一部の事業所または部門で構築	構築していないが具体的に構築する予定がある	構築していないし具体的な予定もない	無回答
2000	57.0	29.4	2.7	10.6	0.2
1999	43.5	34.4	6.2	14.6	1.4
1998	32.2	30.7	7.5	28.0	1.6

出典：総務省 [2001a]

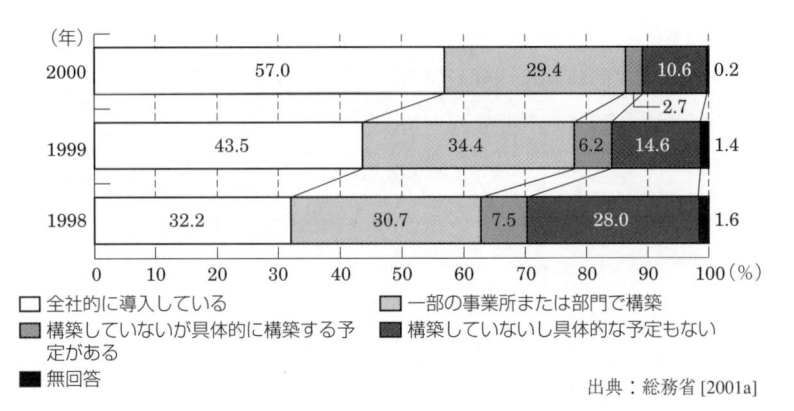

図 10.4 オフィスにおける LAN 構築状況

(年)	全社的に導入している	一部の事業所または部門で構築	構築していない・無回答
2000	28.9	15.3	55.8
1999	19.1	14.1	66.8
1998	10.7	11.3	78.0

出典：総務省 [2001a]

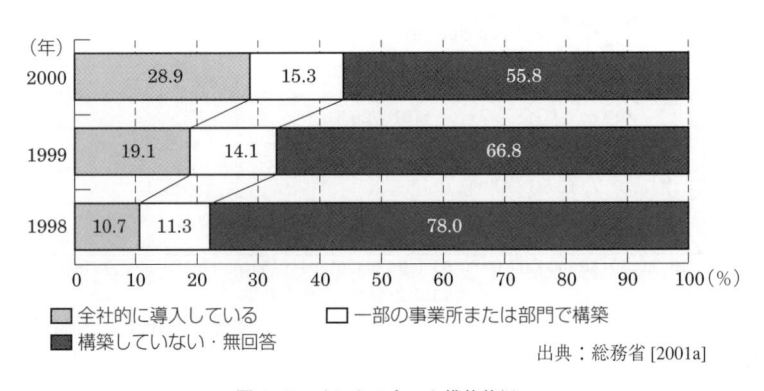

図 10.5 イントラネット構築状況

10.2 情報関連支出（予算の制約）

　消費者の行動を経済学で分析するとき，制約条件として念頭におくのが「お金は無尽蔵にあるわけではない」という条件，すなわち予算制約である．いかに情報機器が普及しても，毎月の支出が伸びないことには，電子情報通信産業は発展しない．本節では，お金の面から産業の成長を考える．

10.2.1 家計支出に占める情報支出

　幸いなことに，ここ数年は家計における情報支出の割合は急激な上昇を示している（複数世帯の部分を図示したのが**図 10.6** である）．

　増加額が最も多かったのは，「電話通信料とパソコン・ワープロ」で，こ

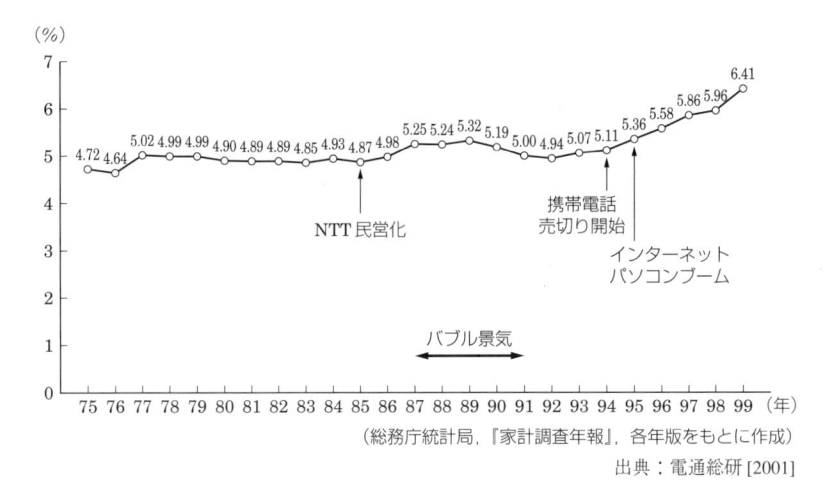

第10章　情報機器保有状況，予算と時間　　121

図 10.6　全消費支出に占める情報支出の割合（複数世帯）

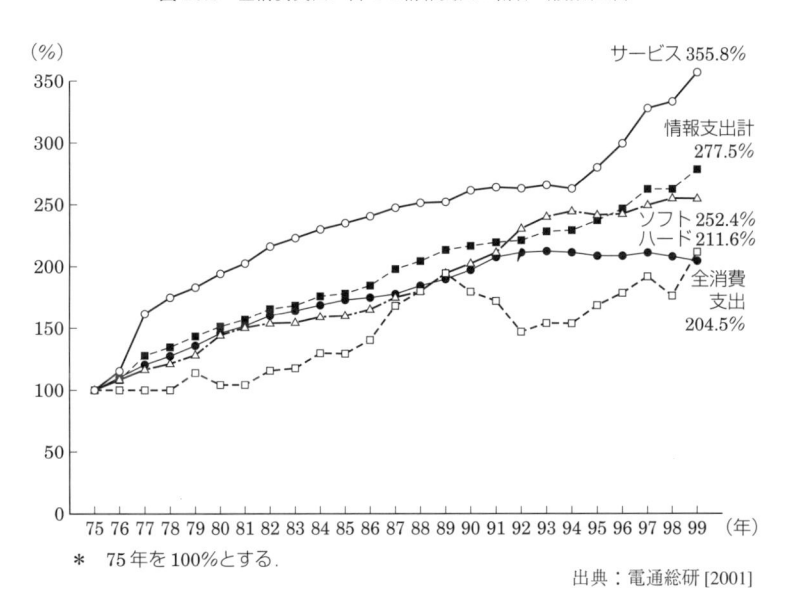

（グラフ中の数値：4.72, 4.64, 5.02, 4.99, 4.99, 4.90, 4.89, 4.89, 4.85, 4.93, 4.87, 4.98, 5.25, 5.24, 5.32, 5.19, 5.00, 4.94, 5.07, 5.11, 5.36, 5.58, 5.86, 5.96, 6.41）

注記：NTT民営化／バブル景気／携帯電話売切り開始／インターネットパソコンブーム

（総務庁統計局，『家計調査年報』，各年版をもとに作成）
出典：電通総研 [2001]

図 10.7　情報支出の伸び（指数/複数世帯）

サービス 355.8%
情報支出計 277.5%
ソフト 252.4%
ハード 211.6%
全消費支出 204.5%

＊　75年を100％とする．

出典：電通総研 [2001]

の両者の増加額（1万990円）は増加額全体（1万3,833円）の約8割を占めている．前者の増加の背景には，

(1) 携帯電話の普及

(2) インターネットの普及に伴う通信料アップ

などが考えられる．パソコン・ワープロに関しては，この2〜3年にわたって法人需要から個人需要への移行が進んでいるといえる．

しかも，これを1975年を100として指数化して見ると，家計支出が総体として90年代以降横バイないし漸減の傾向にある中で，情報支出が大きな伸びを示していることが目立つ（図10.7）．これをハード・ソフト・サービスに3分すると，サービスの伸びが際立っていることが特徴的である．

10.2.2　企業における情報化投資

「企業活動を支えるうえで，情報技術（IT）がいかに活用されているか」を見るための指標として，フローとしてのIT投資と，ストックとしてのIT資本ストックの両面がある．

なお，ここではIT投資を「情報通信ネットワークに接続可能な電子装置及びコンピュータ用ソフトウェア」と定義し，「電子計算機・同付属装置」，「有線電気通信機器」，「無線電気通信機器」，「ソフトウェア（コンピュータ用）」の合計としている．

(1) IT投資：我が国民間部門における99年のIT投資は18.3兆円となっており，対前年比で13.2％増加し，95年の1.5倍の水準にまで成長している（図10.8）．

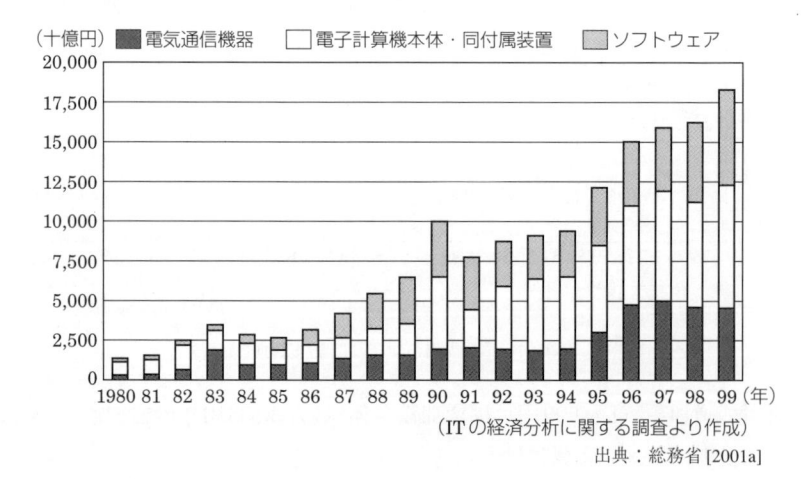

（ITの経済分析に関する調査より作成）

出典：総務省 [2001a]

図 10.8　IT投資の推移

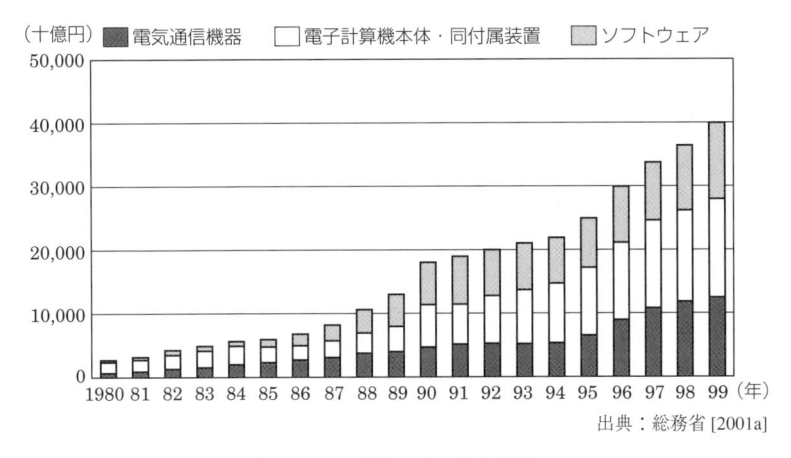

第10章　情報機器保有状況，予算と時間　　　123

図 **10.9**　IT資本ストックの推移

(2) IT資本ストック：我が国民間部門における99年のIT資本ストックは40.0兆円となっており，対前年比で10.2％増加し，95年の1.6倍まで成長している．

談話室

ユーザの財布も限界に？

　99年まで過去数年間にわたって，家計支出に占める情報支出が増加してきたことは本文で述べた．しかし，2000年データでは，わずかながら減少した．加えて情報支出を考察するためには，家計支出だけでは十分ではない．なぜなら，家計の成員が個人の「こづかい」から出す分（いわば「個計」）がカウントされないからである．

　そこで，電通総研では「生活者・情報利用調査」によって，この両者のトレンドを追っている（電通・電通総研 [2001]）．調査対象メディアは，新聞（契約購読），新聞（売店），書籍，雑誌，マンガ，NHK，WOWOW，ディジタルCS，ケーブルテレビ，電話，携帯電話，ポケベル，インターネット，公衆電話，CD，CDレンタル，ビデオソフト，ビデオレンタル，映画演劇，TVゲームソフト，パソコンソフト，ゲームセンター，ライブイベント，カラオケと広範囲に及んでいる．

　これによれば，97年から2000年にかけての情報支出の推移は，**図10.10**

のとおりで99年から2000年にかけて2.7％減少した.

また，増加と減少の主たる要因を見ると，携帯電話・インターネットに対する支出額が増加する一方で，電話（固定），書籍，カラオケなどへの支出が際立って減少している（**表10.1**）.

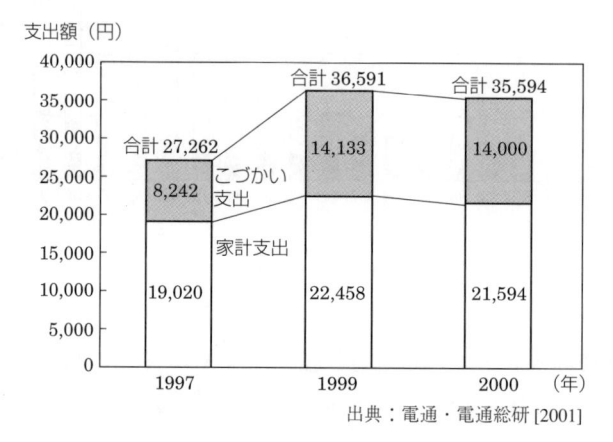

図10.10 1997〜2000年の情報支出の推移

出典：電通・電通総研 [2001]

表 10.1 増減の代表例

（a） 1999〜2000年で支出額が増加したメディア

	増加額（円）	増加率（％）
携帯電話（PHS含む）	2,317	24.3
インターネット	181	18.3
ビデオソフト・セル	54	24.1
デジタルCS	30	16.4

（b） 1999〜2000年で支出額が減少したメディア（ワースト5）

	減少額（円）	減少率（％）
電話（固定電話）	−1,160	−13.9
書籍（専門書など）	−381	−29.4
カラオケ	−323	−26.1
書籍（小説など）	−267	−21.9
家庭用ゲームソフト	−233	−28.7

出典：電通・電通総研 [2001]

10.3 電子情報通信メディア接触時間

前節で述べた予算制約が，一般的な経済学の分析手法であったが，「豊かな社会」が実現し時代が加速化するとともに，「時間」という資源が有限で，より大切であることが認識されつつある．本節では，消費者が時間をどう配分しているか，という観点から分析を進める．

10.3.1 自由時間の増加

まず，国民全体の平均で自由時間（余暇）が増えている様子を見ておこう．図10.11は1日の生活時間を生活必需行動（睡眠，食事など），社会生活行動（仕事，家事など），自由時間行動（レジャー，趣味，メディアとの接触など）に分けて推移をたどったもので，一貫して自由時間行動，すなわちメディア利用も含む余暇の割合が高まっている様子がわかる．

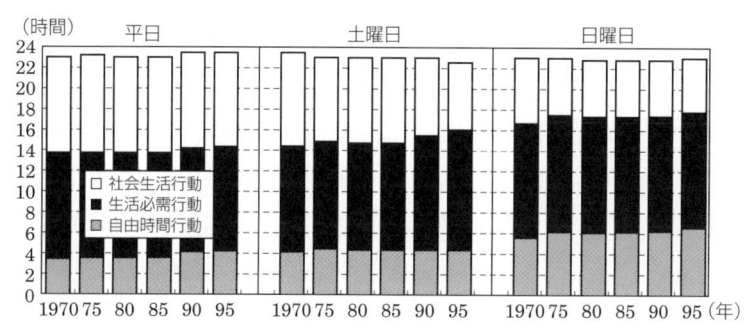

(出所：NHK，生活時間の時系列変化)
(注) カテゴリー名はNHKによる．合計が24時間にならないのは，「その他」及び未回答による．

出典：岩村ほか[2001]

図10.11 自由時間（余暇）の伸び―国民全体―

10.3.2 NHKの「国民生活時間調査」

図10.12は，国民全体としてメディアに接する時間がどのように変化しているかを示すものである．曜日によって行動パターンは大きく変わるため，平日，土曜日，日曜日に分けている．平日，土曜日，日曜日にそれぞれ9分，26分，10分増加しており，全般にメディアの利用が若干増えている．しかし，ビデオなどを除いて比較すると，平日が7分減少，土曜日が4分増加，日曜

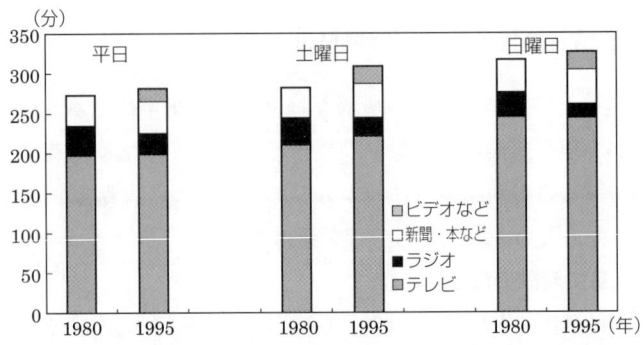

(注) ビデオなどはビデオ，CD，テープの合計．新聞，本などは新聞，雑誌，本（漫画を含む）の合計を示す．

出典：岩村ほか [2001]

図 10.12 メディアに接する時間（1980年と1995年の比較）―国民全体―

日が13分減少となっており，メディアとの接触時間が必ずしも増えているとはいえない．

もう少し詳しい特徴をつかむために，職業カテゴリー別に見てみると，メディアに費やす時間が最も増えたのは無職（主に高齢者）となっている．実質賃金率の上昇とは無関係のため，発信された情報量の急増・情報メディアの拡大に比較的ストレートに反応して，メディアと接する機会が増えたものと推測される．また，女性勤め人も明らかにメディアとの接触時間を増やしているが，「キャリアウーマン化」によって，仕事に必要な情報が従来より格段に増えたことが考えられる．つまり，自らの情報武装と賃金（昇進・昇給機会）が連動するようになったために情報志向が強まった，という見方である．

これに対して，男性勤め人，自営業，主婦は全体としてメディアに費やす時間が増えていない．男性勤め人が土曜日にメディア接触時間を増やしているのは，この間の週末2日制の広がりによって余暇（自由時間）が大幅に増えたためと推測される．しかし，余暇の増加幅に比べると，メディア利用の増え方は格段に小さい．

表 10.2 メディアに接する時間の変化：1995年（1980年との比較）
―職業カテゴリー別―

標本構成比増減 (平日ベース) 1980年 (%)	1995年 (%)	カテゴリー	平日	土曜日	日曜日
		国民全体	＋ (＋9分)	＋ (＋26分)	＋ (＋10分)
25.4	26.4	男性勤め人	0	＋ (＋29分)	0
14.3 ↑	18.6	女性勤め人	＋ (＋24分)	＋ (＋40分)	0
8.6 →	8.3	自営業者	(－) (－8分)	0	0
6.1 ↓	3.4	農林漁業者	＋ (＋19分)	(＋) (＋22分)	(＋) (＋20分)
19.3 ↓	13.2	主婦	(－) (－7分)	(－) (－14分)	0
6.3 ↑	10.5	無職 (主婦, 学生を除く)	＋ (＋39分)	＋ (＋38分)	＋ (＋24分)

(注) ＋は増加, －は減少 (いずれも5％水準で統計的に有意). 0は有意な変化が認められないことを示す. (＋), (－) は有意水準10％で有意だが, 5％水準では有意でないことに相当する. 下段の ( ) 内は増減値 (1995年値－1980年値).

出典：岩村ほか [2001]

10.3.3 総務省の「社会生活基本調査」

全体として観察されることは,
(1) 有業者については20年間で大きな変化はない（1日平均で76年, 96年ともに2.1時間となっている）
(2) 無業者は増加基調にある（同様に1日平均で76年が2.5時間であったのに対し, 96年は3.2時間に増えた）

の2点である. 曜日別に見ると, 有業者は平日で減少, 週末で増加している一方, 無業者は平日で増加, 週末は不変, という特徴がある. 年齢別に見ると, 有業者, 無業者とも高齢者で増加傾向, 若年層で浮き沈みが大きい反面, 50～60代の熟年世代は非常に安定的である, といった特徴が観察できる.

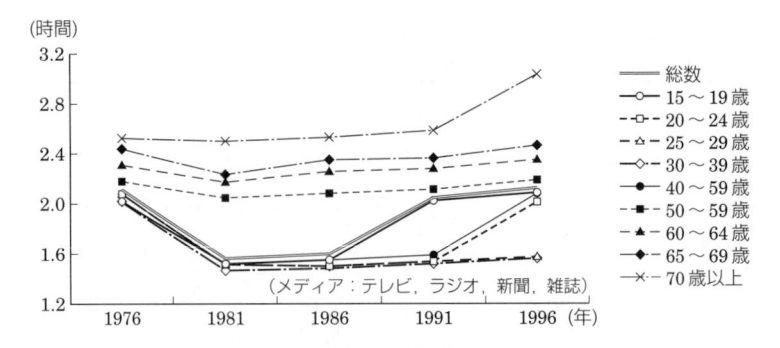

(a) 有業者がメディアに接する時間（週全体，1日平均）

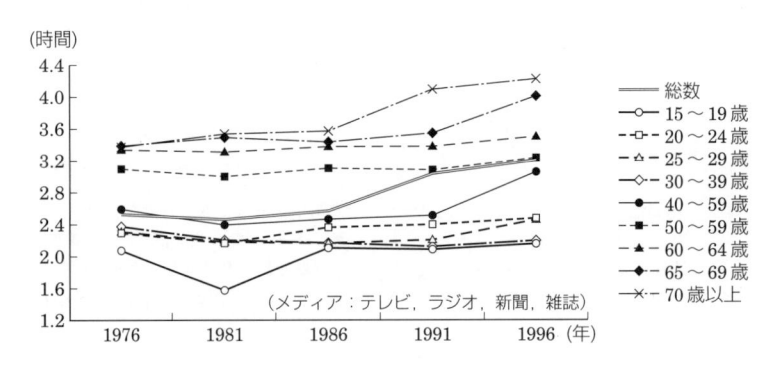

(b) 無業者がメディアに接する時間（週全体，1日平均）

出典：岩村ほか [2001]

図 10.13 有業者がメディアに接する時間（週全体，1日平均）

談話室

現代人は情報消費が上手？

　情報化社会になると，世の中に流通する情報量は爆発的に増加するに違いない．これに対して消費する側が人間だとすれば，1日は24時間で決まっているし，お金がいくらでもあるわけではないから，どこかに消費の限界があるに違いない．――これが本章のテーマである．

　ところが，これを裏づけることになるのか，あるいは全く逆に「人々の情報行動が上手になれば，情報消費率は高まる」ことを示すのか．議論を呼びそうなデータが，『情報通信白書』に載っている（総務省 [2001a]）．

「情報流通センサス」に基づくデータによれば,「情報消費率」として,消費情報量に対する消費可能情報量の比(各メディアの受信時点で,個別メディアごとに消費可能な情報量のうち何%を消費したか,①/②)としてとれば,90年代前半にいったん下落したものの,後半にかけて漸増し近年の伸びは著しい.

ところが,これを選択可能情報量(メディアにかかわらず,消費しようと思えばできる情報量)との比(①/③)で見れば,ごく最近まで漸減してきたが,ここ数年で逆転している.

これらのデータから見ると,上記2つの見方のうち,どちらの見方が正しいのであろうか.

表10.3 情報消費率

年度 区分	1989	1992	1993	1994	1995	1996	1997	1998	1999
① 消費情報量 (10^{16})	1.67	1.85	1.93	2.01	2.32	2.71	3.09	3.51	5.49
② 消費可能情報量 (10^{16})	5.98	6.99	7.25	7.38	7.92	8.61	9.15	9.55	12.01
③ 選択可能情報量 (10^{17})	2.74	3.31	3.50	3.66	3.93	4.19	5.05	5.69	6.53
情報消費率 (=①/②) (%)	27.9	26.5	26.6	27.2	29.3	31.5	33.8	35.6	45.8
情報消費率 (=①/③) (%)	6.1	5.6	5.5	5.5	5.9	6.5	6.1	6.2	8.4

本章のまとめ

① 電子情報通信サービスを利用するためには,自宅やオフィスに情報機器を設置する必要がある.近年,パソコンが汎用的な情報機器として普及しており,単年度出荷額ではカラーテレビを抜き,普及率でも電話やテレビに迫っている.また,オフィスでは,パソコンがLANに接続される率が高まっている.

② 家計の情報関連支出は,近年携帯電話の普及で急速に高まっている.また,オフィスにおけるIT投資も同様である.

> ③　情報通信メディアにどれだけの時間を消費しているかを見ると，自由時間の拡大に伴って若干の増加傾向が見られる．しかし，増加分はほとんどビデオの接触時間である．
> ④　むしろ注目すべきは性別・年齢別変化で，高齢者やキャリアウーマンの間でメディアの活用が進んでいる．

● 理解度の確認 ●

問 1. 自宅にある情報機器を点検してみよ．2台以上あるものは何か．また，最も頻繁に買い替えるものは何か．

問 2. あなた個人の支出のうち，情報支出は何％を占めているか．また，その率は上昇・下降傾向にあるか，それとも安定的か．

問 3. あなたの平均的な1日のうち，情報メディアとの接触時間はどの程度か．それは上昇・下降傾向にあるか，それとも安定的か．

問 4. 問1～問3の結果を，本章にある全国平均と比較してみよ．

第 11 章

ディジタル化と産業融合

　現在の電子情報通信産業を象徴する言葉として，「IT革命」，「情報通信ビッグバン」，「マルチメディア化」，「インターネット革命」など，各種の標語が使われている．しかし，技術的に見れば，その本質が「ディジタル化」であることは容易に理解されよう．

　本章では，利用者宅の機器から市場やサービスまでが、同じディジタル技術をベースに統合されることによって，各種の融合現象が生じひいては産業融合に至る過程を分析する．

11.1　ディジタル化の進展

　本節では，電子情報通信産業を構成する各事業の個々において，ディジタル化がどのように進展しつつあるか，またディジタル化の進展によってソフトの流通がどう変わるかを概観する．

11.1.1　通信ネットワークのディジタル化

　最大のキャリアであるNTTは，従来のアナログ方式のネットワークを逐次ディジタル化し，97年末に全ディジタル化を完了した．新規参入者（NCC）のネットワークは，当初からディジタル方式である．

表 11.1 NTT ネットワークのディジタル化

区　分	ディジタル化
市外回線	1995 年度末に完了（県庁所在地級都市間の市外回線は 1992 年度末に完了
TA 内伝送路	1995 年度末にディジタル伝送路を全区間導入（ISDN サービス基盤整備率は 1995 年度末に 100％）
加入者線交換機	クロスバ交換機は 1994 年度末に完了（SPC 化完了）電子交換機も含めすべての交換機については 1997 年末に完了（ディジタル化完了）

出典：NTT[1998] をもとに筆者作成

11.1.2　放送・CATV のディジタル化（概要）

従来，基本的にはアナログ技術によってきた放送は，ディジタル化という非常に大きな変革期を迎えている．放送のディジタル化としては，

(1)　ディジタル技術による高品質化
(2)　情報圧縮による多チャネル化
(3)　双方向化

などのメリットがあげられる．

我が国初のディジタル放送としては，96 年から通信衛星（CS: Communication Satellite）を用いた CS ディジタル放送がサービス開始されたほか，98 年には CATV でもディジタル放送の導入が始まっている．そして，2000 年 12 月 1 日に，放送衛星（BS : Broadcasting Satellite）による BS ディジタル放送のサービスが開始され，今後データ放送など，多彩な機能を持つディジタル放送の，本格的な普及が進むものと期待される．

地上テレビジョン放送に関しては，関東・近畿・中京の三大広域圏は 2003 年末まで，その他の地域は 2006 年末までの放送開始を目指して，使用する放送の周波数の検討などを進めているほか，これに伴う従来のアナログ放送の周波数変更（いわゆる「アナアナ変更」）に必要な経費を国で負担することとなった．

CATV については，2010 年までに，ほぼすべての CATV のフルディジタル化を目標としている．

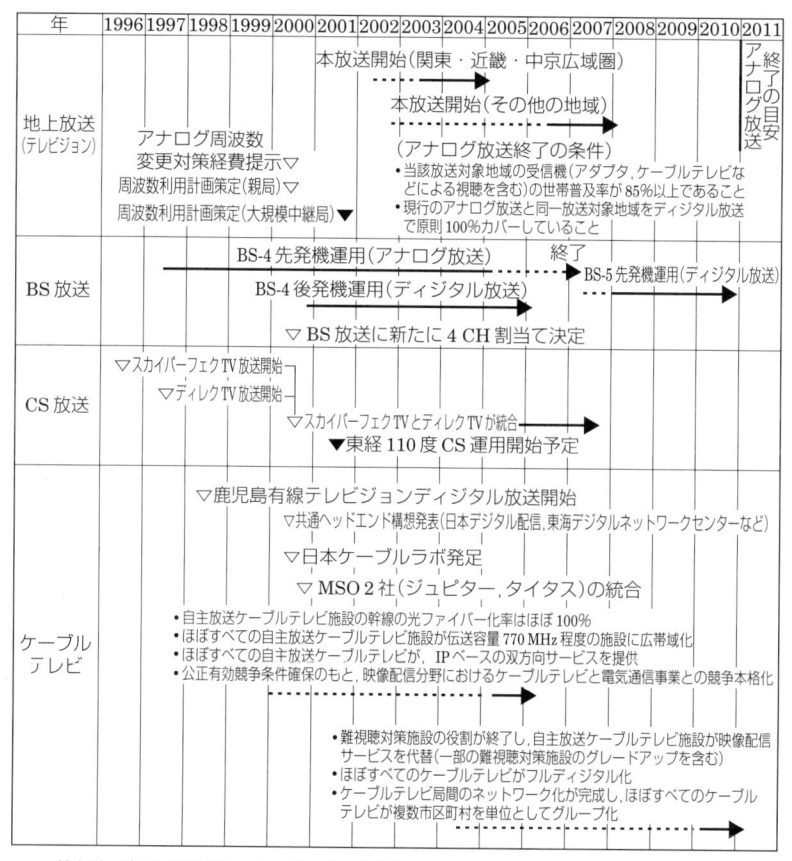

第11章 ディジタル化と産業融合 **133**

年	1996	1997	1998	1999	2000	2001	2002	2003	2004	2005	2006	2007	2008	2009	2010	2011

地上放送 (テレビジョン)
- アナログ周波数変更対策経費提示 ▽
- 周波数利用計画策定(親局) ▽
- 周波数利用計画策定(大規模中継局) ▼
- 本放送開始(関東・近畿・中京広域圏)
- 本放送開始(その他の地域)
- (アナログ放送終了の条件)
  - 当該放送対象地域の受信機(アダプタ,ケーブルテレビなどによる視聴を含む)の世帯普及率が85%以上であること
  - 現行のアナログ放送と同一放送対象地域をディジタル放送で原則100%カバーしていること
- 終了の目安 アナログ放送

BS放送
- BS-4 先発機運用(アナログ放送)
- BS-4 後発機運用(ディジタル放送)
- 終了 → BS-5 先発機運用(ディジタル放送)
- ▽ BS放送に新たに4CH割当て決定

CS放送
- ▽ スカイパーフェクTV放送開始
- ▽ ディレクTV放送開始
- ▽ スカイパーフェクTVとディレクTVが統合
- ▼ 東経110度CS運用開始予定

ケーブルテレビ
- ▽ 鹿児島有線テレビジョンディジタル放送開始
- ▽ 共通ヘッドエンド構想発表(日本デジタル配信,東海デジタルネットワークセンターなど)
- ▽ 日本ケーブルラボ発足
- ▽ MSO 2社(ジュピター,タイタス)の統合
- 自主放送ケーブルテレビ施設の幹線の光ファイバー化率はほぼ100%
- ほぼすべての自主放送ケーブルテレビ施設が伝送容量770MHz程度の施設に広帯域化
- ほぼすべての自主放送ケーブルテレビが,IPベースの双方向サービスを提供
- 公正有効競争条件確保のもと,映像配信分野におけるケーブルテレビと電気通信事業との競争本格化
- 難視聴対策施設の役割が終了し,自主放送ケーブルテレビ施設が映像配信サービスを代替(一部の難視聴対策施設のグレードアップを含む)
- ほぼすべてのケーブルテレビがフルディジタル化
- ケーブルテレビ局間のネットワーク化が完成し,ほぼすべてのケーブルテレビが複数市区町村を単位としてグループ化

* 地上ディジタル音声放送については,実用化試験局による試験放送の実施結果,周波数事業などを総合的に勘案して実用化

出典:情報通信総合研究所[2001]に一部加筆

図11.1 放送・CATVのディジタル化計画

11.1.3 デバイスのディジタル化

かつてコンピュータにもアナログ式があったが,今ではそれを想像することすら難しいように,アナログ方式は種々のデバイスにおいてディジタル式に取って代わられている。ここでは,ごく身近な例として,レコードプレーヤがアナログ式からディジタルのCDへと劇的に変化した事例を紹介しよう。

CDの成功とビデオディスクの沈滞

以下の記述は，日本電子機械工業会［1998］からの引用である．図11.2を見ながらお読みいただきたい．

技術としての光ディスクは，ビデオディスクとして開発が進んでいた．しかし，メディアとしての定着はオーディオが先行する．

「巨大な根を張ったこれまでのLP産業が，そう簡単に崩れるとは思えない．CDは細々とLPと共存しながら，長い時間をかけて徐々に浮上するだろう・・・本格的な普及は恐らく来世紀に入ってから・・・？」．これがCD発売直前の1981年冬における当時の関係者の気分だったという（神尾『画の出るレコードを開発せよ！』）．

同じ1981年に，数年後にはCDプレーヤが従来のレコードプレーヤを置き換え，更にそれを上回って生産されるだろうという，当時としては極めて強気の予測が専門誌に掲載された（伏木『日経エレクトロニクス』，1981年8月17日号）．使い勝手の良さや小型化の可能性から新たな市場を開拓すると見ていたからである．しかし，実際の普及は，この強気の予想の更に上をいった．

CDは社会的に，LPレコードの正当な後継者として承認される．これがビデオディスクの場合と決定的に違うのである．既に，コンパクトカセットテープは普及していたが，「レコードで音楽を聴く」という習慣は確固としていた．その習慣をなんら変えることなく「CDで音楽を聴く」ことができた．レコードの社会的地位にCDはすんなり入っていけたということである．

ニューメディアを社会が受け入れるためには，そのメディアが技術的にすぐれているだけでは十分ではない．社会の中にそのメディアの場所が用意されていなければならない．CDにはそれが十分あった．一方，ビデオディスクに用意されていた場所はあまりに小さかった．

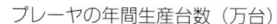

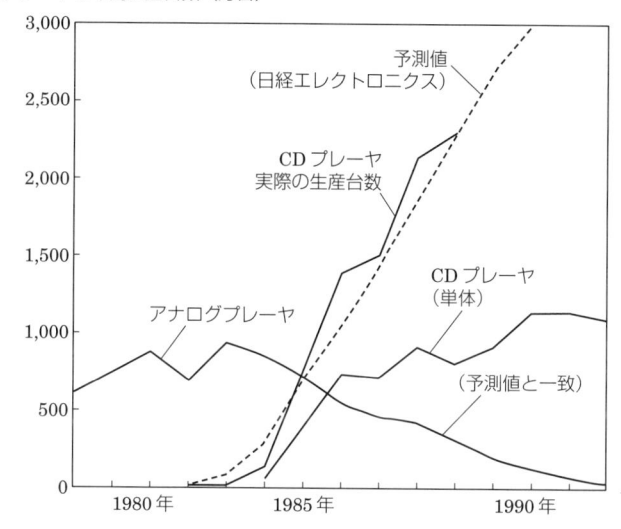

(伏木『日経エレクトロニクス』, 1981年8月17日号)と, 実際の生産数量(宮岡『電子』, 1991年5月号, p.26参照)

出典:日本電子機械工業会 [1998]

図 11.2 CDプレーヤとアナログディスクプレーヤの生産予測と実際の生産推移

11.2 放送のディジタル化の詳細

本節では,今後ディジタル化の影響が最も大きいであろうと思われる,放送のディジタル化に焦点を絞って論ずる.

11.2.1 政府主導のディジタル化

放送サービスは,「電波」という有限資源の割当てが前提となることから,世界各国とも「政府主導」になりやすい要素を持っている.しかも,我が国の場合は,技術的優位性は疑う余地のなかったNHKの「ハイビジョン」(MUSE方式)が,国際標準化の政治力学で葬られた苦い思い出がある.そのことも作用してか,我が国政府の「放送のディジタル化」への政策誘導は並々ならぬものがある.

11.2.2 BSディジタル放送

BS放送では，88年からアナログ方式による放送が行われていたが，2000年12月1日からディジタル方式による放送も開始された．

BSディジタル放送においては，BSアナログ放送のように放送事業者が放送番組の編集主体と放送局の管理・運用主体を兼ねるのではなく，CS放送と同様，放送番組の編集主体である委託放送事業者と，放送局の管理運用主体である受託放送事業者に分ける，受委託制度が採られている．

社団法人BSディジタル放送推進協議会が，受信機の機能向上のためのエンジニアリング放送やBSディジタル放送の普及促進などの業務を開始し，「放送開始後1,000日で1,000万世帯の普及」を目標に，より一層の普及に努めていくこととしている．

しかし，受信のための専用機（ディジタルテレビ）やチューナの売れ行きは不振で，「1,000日1,000万世帯」はほぼ絶望的な状況にある．

11.2.3 東経110度衛星によるCSディジタル

CSディジタル放送は，今まで3機の通信衛星（東経124度，128度及び144度の静止軌道上）を利用してサービスが提供されてきたが，BS-4後発機と同じ東経110度に新しい通信衛星（N-SAT-110）が2000年10月に打ち上げら

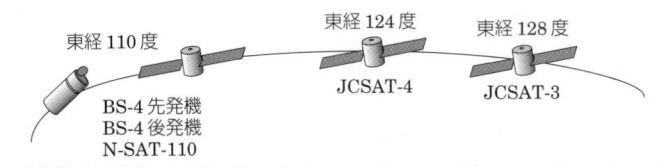

区分	BS放送		CS放送		
衛星名	BS-4先発機 (BSAT-1a)	BS-4後発機	N-SAT-110	JCSAT-4	JCSAT-3
静止軌道位置	東経110度	東経110度	東経110度	東経124度	東経128度
中継器出力	106 W	120 W	120 W	72.4 W	60 W
姿勢制御方式	スピン	三軸	三軸	三軸	三軸
周波数帯域	27 MHz	34.5 MHz	34.5 MHz	27 MHz	27 MHz
放送に使用可能な中継器数	4中継器	4中継器	12中継器	16中継器	21中継器
放送利用事業者	NHK,WOWOW, セントギガ,ハイビジョン実用化試験放送	BSディジタル放送委託放送事業者（テレビ,データ,音声）	委託放送事業者 18社	スカイパーフェクTV	スカイパーフェクTV

出典：情報通信総合研究所[2001]に一部加筆

図 11.3　BS放送とCS放送

れた．

　旧郵政省は，BSディジタル放送とほぼ同一の放送方式を，東経110度CSディジタル放送に採用することとした．受託放送事業者は宇宙通信とJSATの2社が，委託放送事業者としては20社が認定を得て，2001年末以降に放送を開始する．

　更に，総務省は視聴者が1台のアンテナと受信機で，BSディジタル放送と東経110度CSディジタル放送の両方が受信できるような規格の策定や共用端末の早期開発などについて，民間規格を検討している社団法人電波産業会や放送事業者及びメーカに対して要請している．

11.2.4　地上放送ディジタル化計画

　総務省は，「今後，地上放送，衛星放送，ケーブルテレビの3つのメディアを，全体として整合性の取れた形で早期にディジタル化していくことは重要な課題」と位置づけている（総務省［2001a］）．

　そして，この中心的存在である地上放送についても，11.1.2項で述べたような方向で各種施策を推進中である．

　しかし，先行するアメリカの地上波テレビのディジタル化が難渋しているなど，その将来は不透明な部分がある．

11.2.5　放送政策全般の見直し

　総務省では，全放送メディアのディジタル化の進展やインターネットの高度化の進展など，放送を取り巻く環境変化を踏まえ，放送概念の整理，民間放送のあり方，公共放送のあり方など放送政策全般について検討することを目的として「放送政策研究会」を開催し，2000年12月に，これまで行われた議論を整理した「審議経過報告」を取りまとめた（**表11.2**）．

表 11.2 「放送政策研究会」審議経過報告の概要

1 通信と放送の融合
　少なくとも現時点においては，現行の通信と放送の基本的枠組みを前提として検討することが適当であるが，通信と放送の融合を積極的に捉えた適切な政策を推進することも必要．
　(1) 伝送路の融合
　　・CS ディジタル放送，ケーブルテレビなどについて，ハードの利用をより柔軟にし，ハード・ソフト分離を一層円滑に進める制度を整備することが必要．
　　・このため，電気通信事業者の役務（設備）を用いた放送を可能にし，大幅な規制緩和を実現．
　(2) サービスの融合
　　・放送概念について，現行の放送と通信の区分が，将来にわたっても適当かどうか，諸外国の例を参考にしつつ，手続面の整備を含めて更に検討．
　　・データ放送は，放送として分類されているが，引き続き他の放送と同様の規律を課すことが適当かどうか検討することが必要．

2 公共放送のあり方
　(1) 業務範囲など
　　・現時点において，インターネットを通じたコンテンツ配信などの業務を NHK の新たな業務として法律上位置づけるのは適当ではなく，今後の NHK のあり方についての全般的な検討の中で更に議論．
　　・その結論を得るまでの間は，インターネットを通じたコンテンツ配信を含め，NHK の業務は現行法の枠内で行われることが適当．
　　　（注）NHK がインターネットを通じて放送番組の一部を提供することについては，現行法上は付帯業務として行う範囲内となるが，これは，放送番組の単純な 2 次利用であること，規模・態様が付帯業務の範囲内にとどまると考えられる程度であることなどの要件を充たす場合．
　　・子会社・関連会社の問題などについても，今後検討．
　(2) 財源・経営体制など
　　・受信料制度はこれまで有効に機能．他方，有料放送などの他の財源を採用することが適当かどうかや副次収入を目的として新たに商業サービスを認めることの是非などの検討が必要．
　　・NHK は，特殊法人情報公開検討委員会最終報告書（2000 年 7 月）を踏まえ，2000 年 12 月に，情報公開の自主的な仕組みに関する考え方を示す「NHK 情報公開基準要綱」を作成．今後，この要綱に基づき，郵政省（2001 年からは，総務省）の意見も加味しつつ，2001 年 7 月からの実施に向けて体制を整備する予定．本研究会では，適切な情報公開が行われることを期待．
　　・公共放送としての効率的な経営を確保する仕組み，経営委員会の活性化方策や視聴者の意見の一層の反映のための措置について議論が必要．

3 民間放送のあり方
　　・今後，マスメディア集中排除原則，放送対象地域や地方公共団体の出資などについて本格的に検討．

出典：総務省 [2001a]

11.3 電子メディアソフトの誕生

伝送路や記録・再生媒体がディジタルで統合されるようになると，同じソフトを複数のメディアに流せるようになる．本節では，これを電子メディアソフトとして一覧する．

11.3.1 従来のメディアの分類とソフトの対応

この分野の統計年鑑として最も権威のある電通総研［2001］においては，

表 11.3 メディア産業の分類

大分類	中分類	小分類	大分類	中分類	小分類
興行系	劇映画		電気通信系	電話	NTT
	アーケードゲーム				長距離・国際系 NCC
	カラオケ				地域系 NCC
	イベント				衛星系 NCC
パッケージ系	出版	書籍			携帯電話（ドコモ＋NCC）
		雑誌			
	新聞				無線呼出 NCC
	ビデオソフト	カセット			PHS
		ディスク			その他
		DVD		データベース	
	レコード			パソコン	
	ビデオゲーム		その他	広告	新聞
	郵便				雑誌
	写真				ラジオ
電気通信系	民放地上波	ラジオ			テレビ
		テレビ			SP
	NHK				ニューメディア
	衛星放送（BS系）				インターネット
	衛星放送（CS系）			通信販売	
	ケーブルテレビ			アニメーション	ビデオソフト
					劇場用
					合計
				マンガ	

出典：電通総研[2001]

メディアは**表11.3**のように分類されている．

このことは裏を返せば，メディア別にメッセージ（コンテンツまたはソフト）があり，それらがマルチユースでは使われていないことを示している．いわゆるマルチメディア化は，ディジタル技術をベースに，こうしたメディアとメッセージのタイトな関係が緩やかになっていくことを意味している．

```
メディアソフト                流通メディア
  テレビ番組  ──────→   テレビ放送
  映画ソフト  ──────→   劇場上映
  ビデオソフト ──────→   ビデオ販売・レンタル
  新聞記事   ──────→   新聞販売
  雑誌ソフト  ──────→   雑誌販売
  書籍ソフト  ──────→   書籍販売
  データベース記事 ────→   オンラインデータベース
```

　──→　各ソフトのもともとの流通（メディアと1対1に対応）
　───　ワンソース・マルチユースによる流通

出典：郵政研究所 [1998]

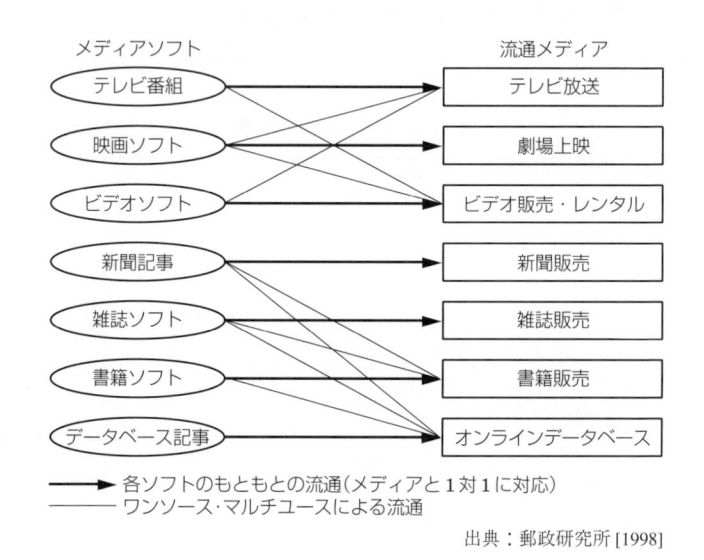

図11.4　メディアソフト流通形態の変化

11.3.2　ワンソース・マルチユース

アメリカでは映画ソフトが，劇場→PPV→セルビデオ→レンタルビデオ→CATV→衛星放送→地上波放送のように何回も使われる（ウィンドウ）ことが多く，時差に応じて（早ければ早いほど）値段が高いという関係にある．

その概念を図示すれば，**図11.5**のようになる．

11.3.3　2次利用の市場規模

旧郵政省郵政研究所が96年度データをもとにして，メディアソフト（これは本書で問題にしている電子メディアソフトだけでなく，紙など非電子メディアソフトも含めた広い概念である）の流通段階別・ソフト形態別市場規模の推計を行った．

第11章　ディジタル化と産業融合

映像系ソフトの場合

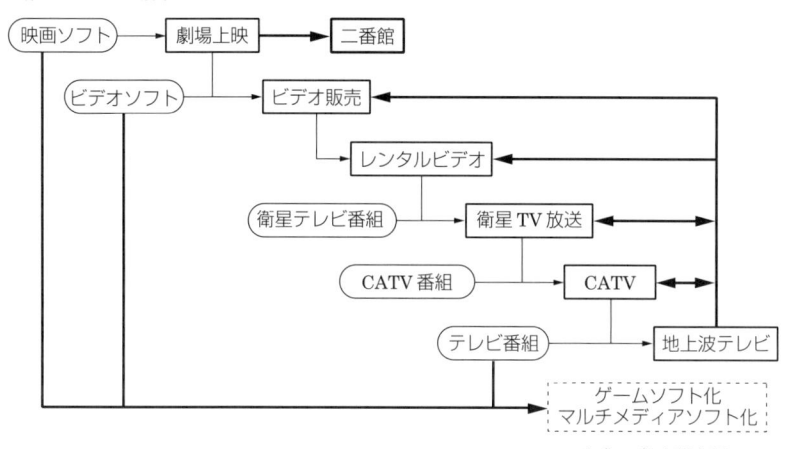

図 11.5　マルチユースの構造

出典：郵政研究所 [1998]

(a) 流通段階別
- 二次利用市場 12.3%（1兆4,271億円）
- 一次流通市場 87.7%（10兆1,813億円）
- 総額 11兆6,084億円

(b) ソフト形態別
- テキスト系ソフト 51.7%（6兆29億円）
- 映像系ソフト 38.5%（4兆4,651億円）
- 音声系ソフト 9.8%（1兆1,404億円）
- 総額 11兆6,084億円

出典：郵政研究所 [1998]

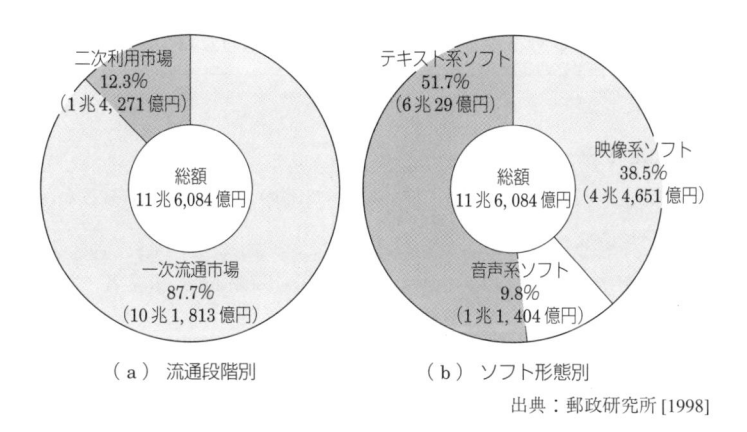

図 11.6　メディアソフト（電子＋非電子）市場規模（1996年）

その結果は，
(1) 2次利用市場は全体の10％強となお未成熟である．
(2) テキスト系データが半分以上を占めているので，電子メディアソフトの2次利用市場はもっと狭いと思われがちだが，ほぼ同程度である（筆者が掲載されたデータから試算した結果は13.8％）．

(3) しかし，これは主として映画ソフト（2次利用率80％）によるもので，逆にテレビ番組などの2次利用率がいかに低いか（4.6％）と符合している．

いずれにせよ，最新のデータによる分析が待たれる．

本章のまとめ

① 現在のIT革命の原動力は，通信・放送・パッケージを問わず，すべてがディジタル技術によって統合されることである．
② 今後，最もインパクトの大きい分野は，放送（CATVを含む）のディジタル化であるが，その前途は楽観を許さない．
③ 伝送路や記録・再生媒体がディジタルで統合されれば，同じソフトを複数のメディアで流せるようになる．
④ この「ワンソース・マルチユース」の市場構造は，従来と全く違ったものになるであろうが，未だその確たる見通しは立っていない．

● 理解度の確認 ●

問1. ディジタル技術はアナログ技術に比べてどのような利点があるか．なるべく多くあげてみよ．

問2. 放送のディジタル化のメリット・デメリットは何か．事業者・利用者・家電メーカ，それぞれの視点に分けて論ぜよ．

問3. ワンソース・マルチユースとは何か．また一般には，どのような戦略（ウィンドウ）で行われるか．

問4. 地上波のテレビ番組の，マルチユース利用率が低いのはなぜか．

第 12 章

産業融合に伴う諸問題

　ディジタル化の進展は産業融合を不可避とするが，それは必然的に既存の秩序，とりわけ法制度との衝突をもたらす．本章では電子情報通信は現在いかなる法制度の下にあるか，産業融合によって何が問題になるか，解決の道筋は何か，について概観する．

12.1 融合の諸相と産業融合

　ディジタルをベースに各事業が展開されるようになると，技術の融合から始まって，市場やサービスまでが融合するようになる．本節ではそうした様子を概観する．前章がいわば「タテ割り」のディジタル化であるのに対して，本節は事業横断的な「ヨコ割り」のディジタル化，すなわち融合現象である．

12.1.1 通信と放送の融合の4つのケース

　インターネットの急速な普及など通信の高度化に伴って，
(1)　CATVネットワークのように，1つの伝達手段を通信にも放送にも用いることができる伝達手段の共用化（伝送路の融合）
(2)　通信にも放送にも利用できる端末の登場（端末の融合）
(3)　インターネット放送のような通信と放送の中間領域的なサービスの登場（サービスの融合）
(4)　電気通信事業と放送事業の兼営（事業体の融合）
といった，いわゆる「通信と放送の融合」と呼ばれる現象が出現している．

表 12.1　通信と放送の融合現象

各現象	概　要	具　体　例
伝送路の融合	共通の伝送路を用いた通信のサービスと放送のサービスの提供	・CS を利用した放送 ・CATV ネットワークを利用したインターネット接続サービス ・通信事業者の FTTH を用いた CATV
端末の融合	一つの端末が通信サービスと放送サービスの双方に利用	・インターネットだけでなくテレビジョン放送の受信/録画もできるパソコン ・テレビでインターネットに接続できるセットトップボックス
サービスの融合	通信と放送の双方の性質を併せ持つ中間領域的サービスの利用が拡大	「公然性を有する通信」　　「特定性を有する放送」 ・電子掲示板（BBS）　　・データ放送 ・ホームページによる情報発信 ・インターネット放送
事業体の融合	通信事業と放送業を兼業するケース	・2001 年 3 月 1 日現在，196 社の CATV 事業者が第 1 種電気通信事業に参入し通信サービスを提供中

出典：総務省 [2001a]．ただし，順序を変えてある

12.1.2　電子情報通信産業の誕生

通信と放送の融合を超えて，更に電子化された情報の伝送関連産業が融合してくると，本書のテーマである電子情報通信産業や，その関連産業が大規模な産業融合を起こす．

筆者は，これを「インフォメーション」と「コミュニケーション」の融合した「インフォミュニケーション」という標語で呼んだ（林 [1984]）が，一般には「情報通信産業」という日本語がポピュラーになっているようである．

12.1.3　電子ネットワーク産業

植草 [2000] は，筆者の84年の分類にはインターネットや情報コンテンツビジネスなど，その後大きく変化・発展した分野が欠けているとして，図 12.2 による「電子ネットワーク産業」という分類を提唱している．

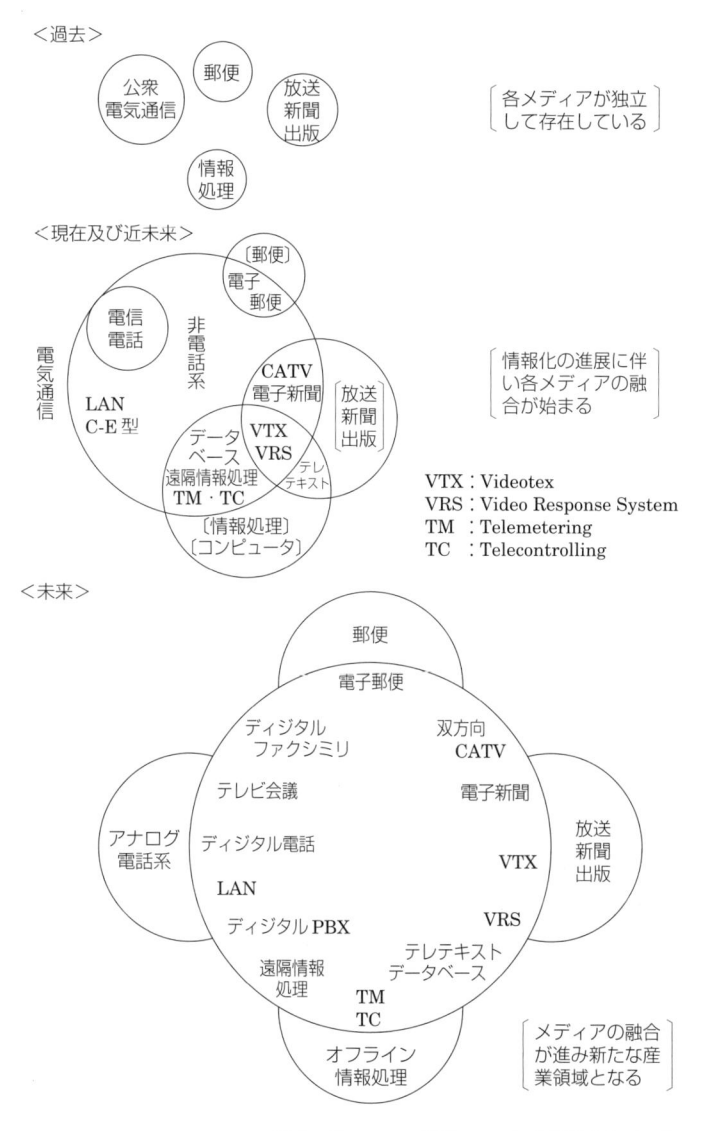

第12章　産業融合に伴う諸問題　　　　　　　　　　　　　　**145**

<過去>

公衆電気通信　郵便　放送新聞出版

情報処理

［各メディアが独立して存在している］

<現在及び近未来>

電気通信

非電話系
〔郵便〕
電子郵便
電信電話
LAN
C-E 型
CATV
電子新聞
放送新聞出版
データベース
VTX
VRS
遠隔情報処理
TM・TC
テレテキスト
〔情報処理〕
〔コンピュータ〕

［情報化の進展に伴い各メディアの融合が始まる］

VTX : Videotex
VRS : Video Response System
TM　: Telemetering
TC　: Telecontrolling

<未来>

郵便
電子郵便
ディジタルファクシミリ
双方向CATV
テレビ会議
電子新聞
アナログ電話系
ディジタル電話
VTX
放送新聞出版
LAN
VRS
ディジタルPBX
テレテキストデータベース
遠隔情報処理
TM
TC
オフライン情報処理

［メディアの融合が進み新たな産業領域となる］

出典：林 [1984]，植草 [2000] にも引用されている

図 12.1　情報化の進展とメディアの競合

出典：植草 [2000]

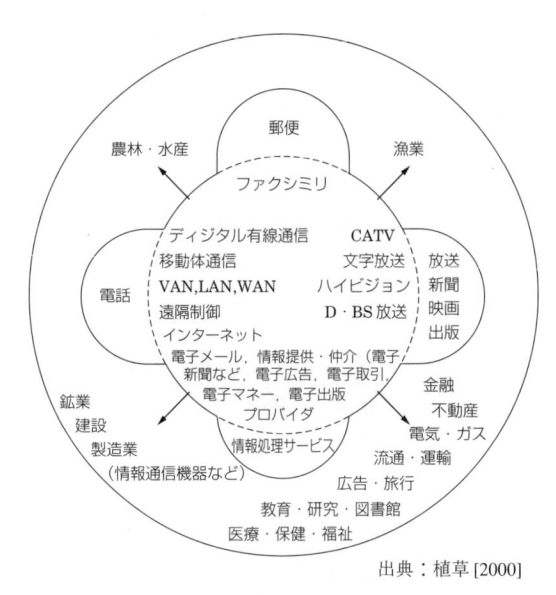

図 12.2 情報通信産業の産業融合と IT 革命の波及

12.2 法体系の融合

本節では，「電子情報通信産業」はどのような法の規律に服しているのか，またその法はどのような変遷をたどってきたのか，融合現象に対応できるのか，について一瞥する．

12.2.1 電子情報通信産業と法規制

電子情報通信産業の中には，業法などによって規制が課せられている産業と，規制が全くない「自由営業」の分野とが混在している．前者の代表例が放送であり，後者のそれはコンピュータサービスである．

電子情報流通産業が扱う商品（サービス）は，何らかの形で個々人の言論の自由（憲法第21条など）に係るものであるから，規制は必要最低限のものでなければならない．その最低限の手段としては，これらの産業が利用する設備（コンデュイト）に関するものと，内容そのもの（コンテンツ）に関するものに分けられる．

この2つの区分を使うと，**表12.2**のマトリクスが得られる．すなわち，両者ともに「あり」，両者ともに「なし」，片方のみ「あり」といった区分にな

第12章　産業融合に伴う諸問題

表12.2　コンデュイト規制とコンテンツ規制

コンデュイト規制 \ コンテンツ規制	あり	なし
あり	B型	C型
なし	？？（I型）	P型

る．なおここで，コンデュイト規制やコンテンツ規制が「ある」という場合には，一般法における原則に従わなければならないだけでなく，業法における個別規制が存在し，それにも従わなければならない場合を指す．

この表を，既存の電子情報流通産業に当てはめてみると，次の3つの例が典型的であることがわかる．

P型（出版モデル）：産業への参入・撤退や，提供する情報内容について，何の制約もない．すなわち，優先する他の法益に触れない限り自由．

C型（コモンキャリアモデル）：参入・撤退について，国の規制あり．伝送内容については，事業者は関知してはならない．逆の面から見れば，コモンキャリアは，伝送内容については責任を問われない．

B型（放送モデル）：参入・撤退について，国の規制あり．送信内容について，事業者は社会全体の意見を公平に紹介し，異なる見解にも表明の機会を与える，などの義務を負う（Fairness Doctrine）．

なお，表中で「コンデュイト規制なし，コンテンツ規制あり」の欄に？？を付し，I型としたことに注目してほしい．

I型（インターネット型モデル）というのは存在しないが，コンピュータ分野にはコンデュイト規制もコンテンツ規制もないのだから，基本的にはP型といえよう．電子出版という用語は，この意味では核心を突いているといえるかもしれない．しかし，アメリカなども含め，いわゆる「違法・有害情報」の規制など「コンテンツ規制は必要」との見方も多い．？？はこうしたアンビバレントな状況を表している．

12.2.2　現行法の分類

現存する諸法規のうち電子情報通信産業に関連する法律を大別すれば，次の5つのカテゴリーに分けられる．

（1） 資源配分規律法

業として電子情報通信事業を行おうとすれば，必ず何がしかの稀少資源を使わざるをえない．その資源配分の基本を定める法がこのカテゴリーに属し，電波法による電波の割当てが典型例であるが，道路の占用を規定する道路法などもその一部である．

（2） サービス規律法

メディアによって提供されるサービスを規律する法であり，現状では電気通信事業法，放送法，有線テレビジョン放送法などが代表例である．2000年以降この分野で，不正アクセス防止法や傍聴法という新しい法律が施行された．

（3） 事業主体法

電子情報通信産業のうち大きな市場を占める通信の分野は，長らく公的独占下にあった．したがって，当該独占的事業主体を律する法律が制定され，市場が自由化された後も，なお部分的に存在している．

また，放送は，今日でこそNHKと民放の並存体制であるが，戦争直後にはNHKのほぼ独占状態であったため，当初の放送法は実質的にはNHK法であったし，現在も70％以上がNHKに関する規定である．

（4） コンテンツ規律法

メディアによって運ばれるメッセージに何らかの規制を加える法で，放送法にある「番組編集準則」，「番組調和原則」などがこれに当たる．また，99年には有害情報から青少年を守るため，児童買春・ポルノ禁止法の制定や，風俗営業適正化法の改正が行われた．

（5） 産業支援法

メディアの独占体制が崩れ，これが一般の産業と同列に論ぜられるようになるにつれて，前（2）項及び（3）項はしだいに「規制緩和」されていく．それに代わって比重を増すのが，何らかの形で政府の産業育成手段を定めた産業支援法である．

（6） 規制機関法

規制のあり方は，産業の発展に大きな影響を与え，産業を発展させるか窒息させるかの鍵を握っているといっても過言ではない．また，サービスが国境を越えて展開されると，「規制のあり方」の国際調整の問題も生ずる．技術

第12章　産業融合に伴う諸問題

表 12.3　電子情報通信産業関連法の変遷（施行年で表示）

資源配分規律法	サービス規律法		事業主体法	コンテンツ規律法	産業支援法	規制機関法
	狭義の通信	放送				
	1948　郵便法		1948　郵便法			
			1949　郵政省設置法			
1950　電波法		1950 放送法 放送局の開設の根本的基準 *1	1950 電気通信省設置法 放送法のうちNHKに関する部分, 郵政省設置法のうち現業に関する部分	1950 放送法の一部		1950 郵政省設置法のうち規制に関する部分 電波監理委員会設置法
		1951 有線ラジオ法				
1952　道路法			1952 電電公社法, KDD法			1952 電波監理委員会設置法廃止
1953 有線法 共同溝法	1953 公衆電気通信法					
	1957 有放話法					
1958 下水道法	1958 質権法					
					1970 情報処理促進法 *2	
1972　有線ラジオ規正法の一部, 下水道法施行令改正		1972 有線テレビ法, 有線ラジオ法が有線ラジオ規正法になる				
					1979 通信・放送機構法 *3	
	1985 事業法（公衆法廃止）		1985 NTT法（電電公社法廃止）		1985 基盤技術研究円滑化法	
					1986　民活法	
					1987 NTT株売却収入活用法	
					1990 特定通信・放送開発事業円滑化法	
					1991 電気通信基盤充実法	
1995 電線共同溝法						
			1998 KDD法廃止			
			1999 NTT法はNTT等法に改正	1999 児童買春・ポルノ禁止法 風俗営業適正化法		
	2000 不正アクセス禁止法					
(今後の課題) 電話番号 ドメインネーム	2001 通信傍受法			2001 電子署名・電子認証法 情報公開法		

*1　電波監理委員会規則（後に郵政省令としての効力を付与される）。
　　本表に登場する唯一の省令（他はすべて法律）。
*2　1985 改正前は, 情報処理振興事業協会法。
*3　1992 改正前は, 通信・放送衛星機構法。
——　アンダーラインは時限立法。

標準なども含めた広義の規制主体のあり方を律するのが，規制機関法である．

12.2.3 法体系の変遷

カテゴリーを以上の5つに分けた上で，我が国の戦後の法体系がどのように変遷してきたかを示したのが，**表12.3**である．

この表から，次の諸点を読み取ることができよう．
(1) 現行法は郵便，電気通信，放送サービスごとに別体系となっており，いわゆる「タテ割り」になっている．
(2) 現行法の骨格をなす部分は，ほとんどが1952年施行となっており，約50年を経ている．
(3) 70～90年代前半にかけては，産業支援法が多数制定・施行された．
(4) 90年代末以降，インターネット関連の新しい単独立法が相次いでいる．

12.3 解決すべき制度上の課題

本節では，電子情報流通を円滑に実施するには，どのような課題があるか，解決の方向性は定まっているか，などについて概観する．

12.3.1 通信と放送の融合法の検討

前節の法体系のところで述べたように，電気通信と放送とは隣組のようでありながら，コンデュイト規制とコンテンツ規制で対照的な取扱いになっている．

諸外国においても，このような差が歴然として残る以上，産業が融合しても適用法規に差があるとすれば不都合が生ずる（談話室参照）ので，何らかの形の融合法を模索する動きが加速化している．世界の動きはおおよそ次のようにタイプ分けすることができよう（**図12.3**）．

- アメリカ型：従来の業種別の個別法を残したまま，融合領域についてはケース・バイ・ケースで対応する．
- イギリス・ドイツ型：設備部分とサービス部分を切り離し，前者にコンデュイト規制を，後者にコンテンツ規制を課す．
- フランス型：産業規制と文化規制に大別し，監督官庁も別にする．後者にはオーディオビジュアルのコンテンツが属するものとする．

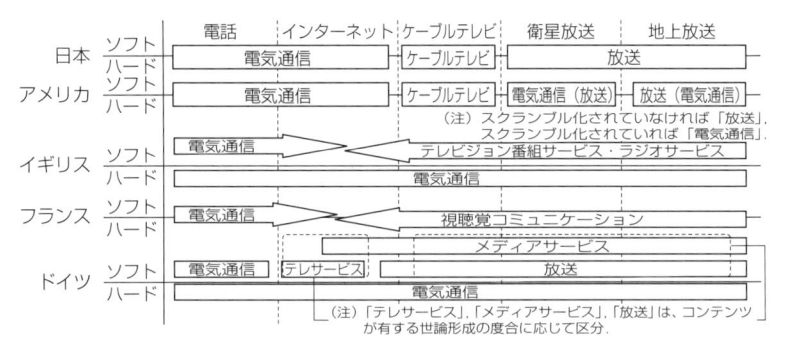

第12章　産業融合に伴う諸問題　　**151**

		電話	インターネット	ケーブルテレビ	衛星放送	地上放送
日本	ソフト／ハード	電気通信		ケーブルテレビ	放送	
アメリカ	ソフト／ハード	電気通信		ケーブルテレビ	電気通信（放送）	放送（電気通信）

(注) スクランブル化されていなければ「放送」．
スクランブル化されていれば「電気通信」．

イギリス	ソフト／ハード	電気通信		テレビジョン番組サービス・ラジオサービス		
			電気通信			
フランス	ソフト／ハード	電気通信		視聴覚コミュニケーション		
				メディアサービス		
ドイツ	ソフト／ハード	電気通信	テレサービス	放送		
				電気通信		

(注)「テレサービス」，「メディアサービス」，「放送」は，コンテンツが有する世論形成の度合に応じて区分．

出典：総務省[2001a]を一部修正

図12.3　諸外国における制度の現状

談話室

通信か放送か？

Ⅰ．通信衛星と放送衛星

　通信衛星と放送衛星は，発生史的には別のものであった．通信衛星の場合は大束化された情報を限られた地点間で双方向受発信するのが目的であるから，地上のパラボラアンテナの出力を大きくし，衛星のトラレスポンダの機器を少なくして，小型衛星を打ち上げるのが最適設計とされた．一方，放送衛星の場合には，受信側のパラボラアンテナを極力小型・低価格化して家庭への普及を図る一方，衛星はなるべく大出力で指向性が強い（近隣国などへスピルオーバしない）ことが理想とされた．

　しかし，電子デバイスの驚くべき進歩によって，どちらの衛星も小型・軽量化され，差がなくなってしまった．しかし，そのように技術が融合しても制度の壁は残る．前節で述べたように，放送の場合には，コンテンツ規制が必要というのが従来の考え方である．

　そこで，衛星を使って実際に番組を流す側を「委託放送事業者」と，その依頼によってトランスポンダを提供して番組を伝送する側を「受託放送事業者」と位置づけ，前者を監督官庁が認定する際コンテンツ規制を課す，という方法が採られた．この区分は，放送業界では「ハードとソフトの分離」といわれている．

Ⅱ．CS放送「スターデジオ」の著作権侵害訴訟

　98年夏に日本レコード協会加盟の大手数社（原告）が，CS放送である日

本デジタル放送サービス（受託放送事業者）を通じて音楽番組を流している第一興商（委託放送事業者，被告）が，著作権を侵害しているとして訴えを起こした．

この番組は「スターデジオ」といい，原告らのレコード数十曲をワンサイクルとして，解説やトークなしに，フルサイズで1日6～12回，1週間にわたって繰り返し「放送」していた．論点はほかにもあるが，ここではこの行為が「放送」に当たるかどうかだけに絞ってみよう．

原告は，受信者の多くは「放送」内容をMDなどにディジタル録音して聴くのであり，被告の行為はレコード録音行為を積極的に助長するための無線送信であって，著作権法にいう「放送」には当たらないと主張した．

一方，被告の側は，これは放送法に基づく「放送」であって，放送のために原告のレコードを一時的に収録する行為は著作権（複製権）侵害には当たらない，またレコード製作者には許諾権（拒否権を含む）はないはずで，2次使用料請求権があるだけであると主張した．

第一審である東京地方裁判所は，基本的には現行法を前提とする限り，被告の行為は「放送」であるとして，原告の訴えを斥けた．しかし，この訴訟の背景としては，一般のテレビ・ラジオ局は売上高の約1.5%を著作権料としてJASRAC（日本音楽著作権協会という管理団体）に支払い，その1/4程度を音源使用料としてレコード会社に支払っている．その額は，第一興商の場合，年間約3,000万円相当といわれるが，他方違法コピーで失われるであろう利益はその比ではない．このアンバランスこそ訴訟の遠因なので，一審判決は最後に「立法論として主張さるべきこと」とコメントしている（なお，本件は現在東京高裁において審理中）．

12.3.2 融合法に関する私の試案

この点については，私は早くから4つの方法論がある（**図12.4**）が，D案の水平分離案を採るべきだということを主張してきた（**表12.4**）．前記の分類ではイギリス・ドイツ型とほぼ対応することになる．なお，アメリカ型は私の案ではA案になる．フランス型はA～Dのいずれでもないが，このように産業と文化を分けることは，世界潮流からいえば「孤立化」の危険があろう．

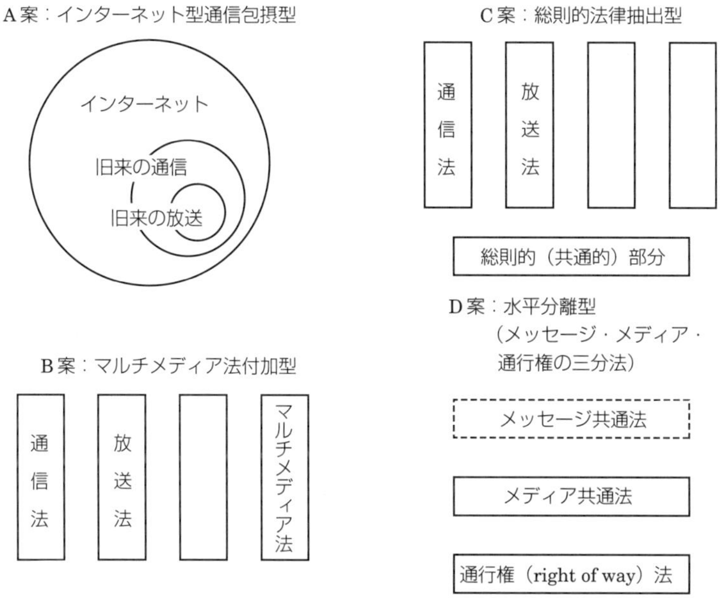

第12章　産業融合に伴う諸問題

A案：インターネット型通信包摂型

（インターネット ⊃ 旧来の通信 ／ 旧来の放送）

C案：総則的法律抽出型

通信法　放送法

総則的（共通的）部分

B案：マルチメディア法付加型

通信法　放送法　マルチメディア法

D案：水平分離型
（メッセージ・メディア・通行権の三分法）

メッセージ共通法

メディア共通法

通行権（right of way）法

図 12.4　融合法の4つの案

表 12.4　4案の比較

案	プラス	マイナス	総合評価
A案 インターネット型通信包摂型	特別のアクションを取らなくてよい	政策としての志向がなく、流れに飲み込まれて、思わぬ弊害が出るおそれがある	×
B案 マルチメディア法付加型	新法を作る場合のオーソドックスな方法である。立法が比較的容易	アメリカの例では、既得権益を弱めることなしに、付加するだけでは効果が少ない	△
C案 総則的法律抽出型	関連業界のコンセンサスを得るプロセスとして適している	電波法と放送法ですら50年近く整理できなかったので、実現性が危ぶまれる。利害関係を調整しきれないと法案にならない	×
D案 水平分離型	マルチメディア時代にふさわしい方法論である。他の先進国をも上回る新しい体系により、メディア産業の活性化が期待できる	オーソドックスな方法とはいえない。各界の知恵を結集する必要がある	○

12.3.3 著作権の取扱い

ブロードバンド時代にとって最大の障害となる問題は，著作権の取扱いであろう．その背景には，次のような事情がある．

(1) 電気通信事業者は，コンテンツの中身に責任を負わないことから，従来この問題には無知であった．ところが，次項のISP（Internet Service Provider）の責任問題が浮上したころから，著作権問題に無関心ではいられなくなった．

(2) 放送事業者は，かねてから「著作隣接権者」としての地位を持っていた．ところが，「放送サービスは1回限りのもの」という先入観にとらわれ，せっかくの権利を眠らせたままでいた．ディジタルの時代になってこの権利の有効性に気づき，権利ビジネスで儲けようという意識に目覚めたのはよいが，急激な変化に対応できないでいる．

(3) プログラムサプライヤは，本来の著作権者であるが，番組制作に当たってテレビ局のファイナンスを受けることが多く，でき上がった作品の権利を丸ごとテレビ局に譲渡せざるをえないような状況にある．

いずれにせよ，100年余の歴史を持つ著作権法なしで事が解決することは期待できないが，法という安定した制度で，定型的・一律的にすべてが処理できるほど，コンテンツビジネスは単純ではない．唯一の解決策は，「柔らかな著作権法」を中心としつつ，契約法でこれを補うといった重層的構造を取らざるをえないであろう．この点については，筆者の一連の著作を参照されたい（林［1999］，［2001］）．

12.3.4 ISPの責任

著作権侵害も含めて，違法あるいは社会的に望ましくないコンテンツを排除しようとすれば，ISPに責任を負わせるのが手っとり早い．しかし，安易にこの方法に依存するなら，そもそもコモンキャリアに「検閲の禁止」や「通信の秘密保持」が課されているのは何故かという根本問題，すなわち憲法に保障された「言論の自由」の問題に触れることになる．

この点について，インターネット先進国アメリカの歴史は，**表12.5**のようにまとめることができる．

第12章 産業融合に伴う諸問題

表 12.5 ISPの責任に関するアメリカの歴史

歴　年	事　業
1989年	通信法改正における「猥褻及び下品な」情報の提供禁止と、「設備管理者の責任」の新設（C型からC´型へ）（ただし、「下品な」部分については、違憲判決により効力停止）
1995年	ネットコム判決における「著作権侵害におけるネットワーク管理者の寄与責任」（メディアとメッセージの分離）の明確化
1996年	通信法改正（CDA法）における「猥褻」以外の有害情報の規制に関する違憲判決、及びその後の「COPA法」（またはCDA-2）における同様の判決．またCDAにおけるプロバイダの免責（I型＝C´型）
1999年	「ミレニアム著作権法」におけるプロバイダの免責条項（C´型の確認）

この表にあるように、コンテンツに関する責任のあり方の一般原則を導こうとすれば、結局「コンテンツプロバイダ」か「サービスプロバイダ」かといった点（つまり、メディアとメッセージ）に線引きせざるをえないであろう．

ドイツのマルチメディア法も、情報提供者や媒介者の責任について、
(1) 情報を自己が提供する場合には責任を負い
(2) 第三者の情報を自ら提供する場合は、その違法性を知りかつその利用を阻止することが技術的に可能でありかつ期待されうるときにのみ責任を負い
(3) 他人の情報へのアクセスを仲介するだけの場合は責任を負わない
という仕組みを取っている．

「表現の自由」と国家の関与の仕方について、著しく対照的な両国ではあるが、少なくともキャリアまたはISPの責任の取り方については、かなり似かよったアプローチを取っていることになる．

> **本章のまとめ**
>
> ① 「電子情報流通産業法」という一括法がある訳ではなく，電気通信事業法，放送法など個別の事業法が個別の産業を律している．
> ② しかし，これらの法律は50年近くを経過したものが多く，通信と放送が融合する過程で，見直しの必要性も叫ばれている．
> ③ 通信と放送を別々の法律で律する体制を続ければ，産業が融合したときに不都合が生ずるので，何らかの統一法が望まれている．これに関する先進国の動きには，いくつかのモデルがある．
> ④ ブロードバンドの時代には，著作権制度やISPの責任問題など解決すべき課題も多い．

● 理解度の確認 ●

問1. 電子情報通信産業を律する法は，どのように分類されるか．

問2. インターネット関連の法を考えられるだけあげよ．

問3. 通信と放送の融合法としては，どのような方法論があるか．

問4. ブロードバンドコンテンツと著作権の関係について，市販の図書により，問題点を掘り下げてみよ．

問5. インターネットのコンテンツについて，ISPはどの範囲まで責任を負うべきか．わいせつ情報，名誉毀損，著作権侵害のケースに分けて考えてみよ．

第 13 章

ブロードバンド時代へ

　前2章において，ディジタル技術が汎用性を有するために，従来の電気通信・放送・情報処理といった区分が無意味あるいは曖昧になり，「産業融合」が生ずること，それに伴って法的な諸課題が発生することについて説明した．

　この融合現象は，ネットワークがkbps（kilo-bit per second）やせいぜい1Mbpsの時代にも進展するが，Gbpsにも及ぶ高速ネットワークが利用可能になったときには，そのインパクトは桁外れに大きなものになろう．

　最終章である本章では，こうしたブロードバンドの時代には，何が起こるかを予測する．

13.1　ブロードバンドネットワークの実現

　本節では，いわゆるブロードバンドネットワークとはどの範囲のものをいうのか，それはいつごろまでに実現するのか，について概観する．

13.1.1　e-Japan計画

　ブロードバンドネットワークについては，一見政府主導で事が運びつつあるかに思える．2000年から2001年にかけて，IT革命についての社会的関心が大きな高まりを見せ，政府においてもIT革命の推進を重要な戦略課題として位置づけたからである．

　具体的には，2000年7月以降，「高度情報通信ネットワーク社会形成基本法」の制定（2001年1月施行），高度情報通信ネットワーク社会推進本部

(以下,「IT戦略本部」という)の設置(2001年1月),5年以内に世界最先端のIT国家となることを目指す「e-Japan戦略」(2001年1月IT戦略本部決定)及び「e-Japan重点計画」(2001年3月IT戦略本部決定)の策定,更に同戦略などを各府省の2002年度の施策に反映する年次プログラムである「e-Japan 2002プログラム」の策定の検討など,IT革命の戦略的推進体制が整えられている.

13.1.2 ブロードバンドネットワーク

ブロードバンドネットワークの実現に当たっては,基幹回線におけるよりも加入者回線部分の高速・広帯域化がより重要である.なぜなら,前者は通信量をまとめて伝送するので高速・広帯域化はコスト的に十分ペイするが,後者については,そこが問題だからである.いわゆる「ラスト・ワン・マイル問題」は,ここから発生する.

そこで,ブロードバンドアクセスネットワークをいかに構築するかが課題となるが,日本政府は今のところ,次のような概念で捉えているようである.以下は,総務省[2001a]からの引用である.

> ブロードバンドアクセスネットワークについては明確な定義はないが,ここでは,「高速インターネットアクセス網」及び「超高速インターネットアクセス網」を指すものとする.「高速インターネットアクセス網」とは,音楽データなどをスムーズにダウンロードできるインターネット網のことをいい,「超高速インターネットアクセス網」とは,映画などの大容量映像データでもスムーズにダウンロードできるインターネット網のことをいう(e-Japan戦略より).

これを図示すれば,**図13.1**のようになる.

13.1.3 時間とコストの急速な低下

図13.1は,「ブロードバンドネットワークがなければ,実現不可能なサービス」を示している部分もあるが,同時に「ナローバンドでも実現が不可能ではないが,ブロードバンドになれば伝送時間とコストが急速に低下し,初めて実用化という段階に達する」部分も多い.

例えば,**表13.1**に示す例からも,映画を100時間以上もかけてダウンロードすることは,「技術的には可能でも,商売としてはナンセンス」であるこ

第13章 ブロードバンド時代へ

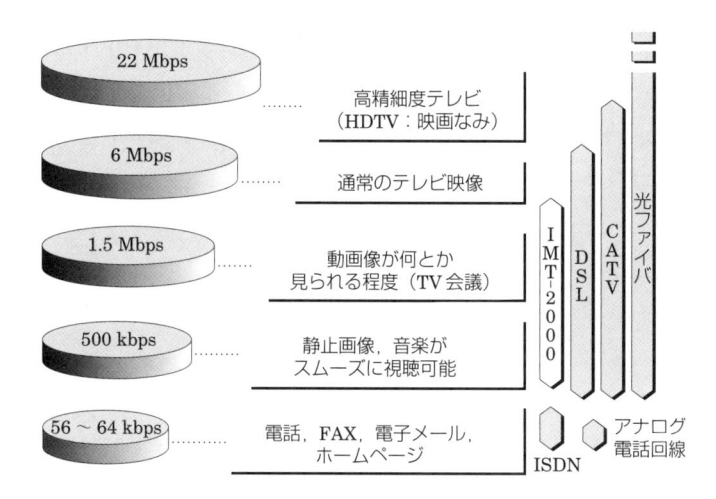

```
22 Mbps ········ 高精細度テレビ
                 （HDTV：映画なみ）
6 Mbps  ········ 通常のテレビ映像
1.5 Mbps ······· 動画像が何とか
                 見られる程度（TV会議）
500 kbps ······· 静止画像，音楽が
                 スムーズに視聴可能
56～64 kbps ···· 電話，FAX，電子メール，
                 ホームページ
```

IMT-2000 / DSL / CATV / 光ファイバ / ISDN / アナログ電話回線

*1 胴部分は既に一般家庭で利用されているもの．
*2 上記図表では，ストリーミング技術を用いた場合に各コンテンツが必要とする回線容量の目安を示している（例えば，通常のテレビ映像と同等の画質のコンテンツをインターネット経由で見る場合，6 Mbps 程度の回線容量が必要となる）．

出典：総務省 [2001a]

図 13.1 回線容量と利用可能なコンテンツ（例）

表 13.1 各種コンテンツのダウンロード時間（例）

	ISDN (64 kbps)	DSL (600 kbps・実効)	ケーブルテレビ網 (1.5 Mbps)	FTTH (100 Mbps)
音楽（1曲・約5分） 約4.8 M バイト（MP3）	約10分	約64秒	約25.6秒	約0.4秒
音楽（アルバム・約74分） 約72 M バイト（MP3）	約2時間半	約15分	約6分	約6秒
映画（約2時間） 約3.6 G バイト（MPEG-2）	約125時間	約13時間	約5時間	約5分

とがわかるであろう．ブロードバンドで，これが約5分で伝送できるとなれば，初めてビジネスチャンスが訪れる．

　こうした技術革新を前提に，ネットワークを介したダウンロードコストと，パッケージコストとを比較したDSE［2001］によれば，94年の商用インターネットの登場により，ネットワークダウンロードコストは大幅にダウンし

たが，それでも94年で30.5円/MBとパッケージコスト6.9円/MBの差は大きい．しかし，2001年ブロードバンドサービスの登場により，そのコストは一段と下がり8.4円/MB，2002年には4.2円/MBと大幅に下がり，パッケージコストに2003年に追いつくと予測している．

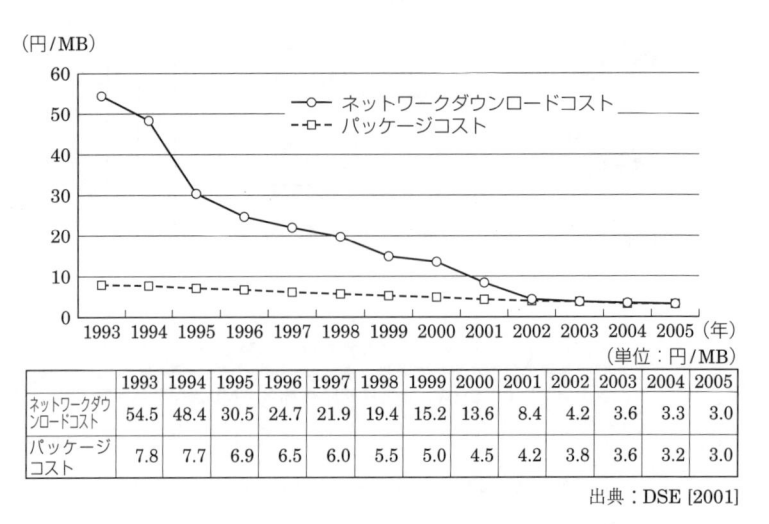

(単位：円/MB)

	1993	1994	1995	1996	1997	1998	1999	2000	2001	2002	2003	2004	2005
ネットワークダウンロードコスト	54.5	48.4	30.5	24.7	21.9	19.4	15.2	13.6	8.4	4.2	3.6	3.3	3.0
パッケージコスト	7.8	7.7	6.9	6.5	6.0	5.5	5.0	4.5	4.2	3.8	3.6	3.2	3.0

出典：DSE [2001]

図13.2 ネットワークダウンロードとパッケージコストの比較

13.1.4 アクセス系の技術とFTTHなど

現在利用されているか，近未来に利用可能な技術は，**表13.2**のとおりである．

このうち，なんといっても主力になるのは光ファイバであると思われる．しかし，技術の進化は予測を覆すことがあるので，特定の技術を選択するには事業者は慎重で，有線系（固定網）では光ファイバを，無線系（移動網）ではIMT-2000か第4世代システムを視野に入れつつ，両にらみ（contingent）な作戦を展開しているものと見られる．

一方，政府の側は，なぜか一貫して光ファイバ一辺倒のように思われ，e-Japan計画でも加入者系光ファイバ（FTTHまたはFTTC（Fiber-To-The-Curb））を前倒し的に予測している．

表 13.2 主なブロードバンドアクセスネットワークの特徴

分類		特徴
固定系	CATVインターネット	一般に低廉な高速サービスを提供しているが，CATV 事業者の営業区域は狭いので，地域ごとにサービス内容には相違がある．
	DSL（Digital Subscriber Loop）	従来の電話回線（メタリックケーブル）に特殊なモデムを設置し，大容量の通信を行う．光化された回線網では利用できないほか，伝送距離が長い場合には十分な通信速度が確保できない場合もある．
	FWA（Fixed Wireless Access）	ギガ帯域の電波を利用して通信を行う，加入者系無線アクセスシステム．回線整備が容易であるが，建築物などによる遮へいの影響を受ける．
	FTTH (Fiber-To-The-Home)	光ファイバケーブルを直接契約者建物内に引き込み接続する．東・西 NTT では，2001 年からサービスが本格化する予定であるが，提供エリアは一部にとどまる．
無線系	IMT-2000 (International Mobile Telephone 2000)	第 3 世代移動通信システムとも呼ばれ，我が国では NTT ドコモにより 2001 年 5 月から試験サービスが始まり，同年 10 月から本サービスを開始予定．従来，9,600 bps だった伝送速度を 384 kbps（音声通話時は 64 kbps）まで高速化しており，将来的には 2 Mbps まで拡張可能な規格となっている．
	第 4 世代移動通信システム	IMT-2000 に次ぐ世代の移動通信システムで，現在システムの概念・骨格を検討中．2010 年ごろに，IMT-2000 の数十～数百倍程度の伝送速度実現を目指す．

13.2 ブロードバンド時代の市場構造

本節では，ブロードバンドネットワークが実現したら，市場の構造はどのように変化していくであろうかを，大胆に予測する．

13.2.1 ネットワークやデバイスの視点

コンテンツは，他の財貨と同様，生産→流通→消費というプロセスで，生産者から消費者に届けられる．この過程で種々の事業者がサービスを提供するが，これはコンピュータ産業の階層構造と同様，プラットフォーム・ネットワーク・サービスという三層構造をなしていると考えることができる．

前者を横軸，後者を縦軸にとって分析した DSE［2001］によれば，今後成長が見込まれる事業は，図 13.4 の太枠で囲まれた部分であるという．すなわち，

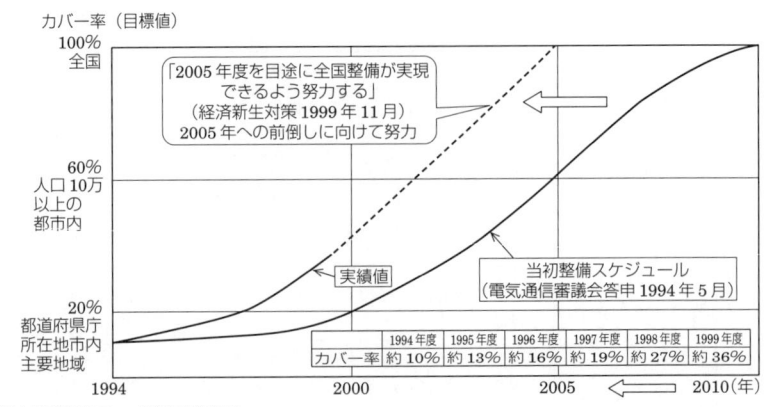

図 13.3 加入者系光ファイバ網の整備状況

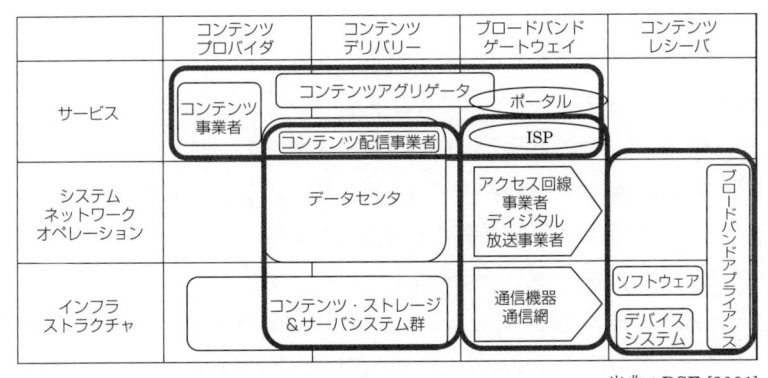

都市規模別光ファイバ網整備状況

区分		カバー率（%）					
		94年度末	95年度末	96年度末	97年度末	98年度末	99年度末
政令指定都市及び県庁所在地級都市	全エリア（約 78,200）	16	21	28	34	44	56
	主要エリア（ビジネスエリア）（約 19,800）	32	47	74	89	92	93
人口 10 万以上の都市など	全エリア（約 46,100）	8	11	11	13	22	31
	主要エリア（ビジネスエリア）（約 900）	6	23	48	59	69	72
その他（約 60,800）		2	3	5	6	8	14
全国（約 185,000）		10	13	16	19	27	36

*1 （）内は1999年末現在のき線点数．なお，四捨五入のため全国数値と都市規模別の数値計は一致しない．
*2 主要エリアは，加入者の50％以上が事業所であるエリア．

出典：総務省 [2001a]

図 13.4 ブロードバンドビジネスと成長分野

出典：DSE [2001]

(1) コンテンツ事業：コンテンツ製作者，コンテンツを編集・販売するコンテンツアグリゲータ，顧客とのゲートウェイ機能を有するISP，ポータル事業者
(2) デートセンタ事業：コンテンツ事業者のハウジングからデリバリーサービスまで手掛ける，ブロードバンド時代により大きく拡大する分野
(3) ネットワーク事業者：ブロードバンドネットワーク提供者，アクセス回線事業者，放送事業者，ISPなど
(4) アプライアンス事業：ブロードバンドのコンテンツレシーバ．PC事業から情報家電市場へ拡大している

の4つに注目している．

13.2.2 コンテンツプロバイダの視点

前項の見方は，どちらかといえば，ネットワーク事業者やコンピュータ業界の人々には常識化している．ところが，映像コンテンツそのものをビジネスとしている人々の間では，やや違った見方をする人が多い．

表13.3は，『デジタルコンテンツ白書』から取ったものであるが，コンテンツ制作者ないしは保有者にとってみれば，パイプは何であれ最終消費者にいかに多くの（量的，金額的に）コンテンツを届けられるかが最大の関心事であることを示している．

なお，この書物は2000年から従来の『新映像情報白書』を改称すると同時に，流通経路別の小計と合計を表示しなくなった．備考欄の数字の出所からも推測されるとおり，個々のデータを入手すること自体が難題であり，合計には誤差が不可避であることを暗示しているように思われる．

しかし，この表から，恐らくは編集者も意図していなかったであろう，意外な事実が読み取れる．すなわち，次の3点である．

(1) 市場全体では10年で約2倍と成長しているが，これは第1章，第2章で述べた電子情報通信産業全体の伸びより低い．
(2) かつて60％近くを占めていた放送系は，次第に比率を下げ，全体の50％強になっている．逆にいえば，放送の伸びの低さが全体の伸びを押し下げている．
(3) 反対にパッケージ系は10年で7倍強の伸びと健闘している．

表 13.3 映像産業の市場規模

(単位：億円)

		1988	1989	1990	1991	1992	1993	1994	1995	1996	1997	1998	1999	2000	備考
興行系	劇映画	1,619	1,667	1,719	1,634	1,520	1,637	1,536	1,579	1,489	1,772	1,935	1,828	1,709	興行収入【(社)日本映画製作者連盟】
	アニメーション	—	—	—	86	102	89	133	80	74	209	110	122	139	劇場用推定配収【(株)メディア開発綜研】
	アーケードゲーム	3,490	4,020	4,740	5,610	6,000	5,800	5,710	5,780	5,950	5,960	5,820	5,530	—	消費者需要【(財)自由時間デザイン協会】
パッケージ系	ビデオカセット	1,078 (3,749)	1,295 (3,809)	1,513 (3,962)	1,584 (3,950)	1,552 (3,820)	1,530 (3,650)	1,548 (3,860)	1,770 (4,050)	1,868 (4,112)	1,903 (3,857)	2,121 (4,439)	1,824 (4,053)	1,566 (4,154)	メーカー出荷額【(社)日本映像ソフト協会】( )内は消費者需要（レンタル含）【業界推定】
	ビデオディスク	1,004	1,078	1,357	1,366	1,189	878	796	617	530	399	359	196	66	メーカー出荷額【(社)日本映像ソフト協会】
	DVD	—	—	—	—	—	—	—	—	3	29	80	302	1,047	メーカー出荷額【(社)日本映像ソフト協会】
	ビデオゲーム	4,750	5,220	5,290	5,580	6,320	6,550	6,500	6,740	6,980	7,100	6,950	7,050	—	消費者需要【(財)自由時間デザイン協会】
	パソコンゲーム	—	—	—	—	—	—	—	151	135	*122	*128	—	—	販売額【(社)日本パーソナルコンピュータソフトウェア協会】
放送系*	テレビ（地上波）	14,752	16,626	18,024	18,737	18,413	17,867	18,581	19,824	21,541	22,345	21,448	21,862	23,419	テレビ事業収入【(社)日本民間放送連盟】
	テレビ（NHK）	3,565	3,797	4,884	5,230	5,398	5,563	5,682	5,784	5,962	6,218	6,337	6,450	6,558	事業収入【NHK】
	BS放送（WOWOW）	—	—	—	315	346	384	449	535	590	604	653	628	609	テレビ事業収入【(社)日本民間放送連盟】
	CS放送	—	—	—	—	—	5	14	33	71	187	604	961	—	事業収入【総務省】
	CATV	71	116	207	317	530	775	984	1,126	1,410	1,644	1,931	2,244	—	営業収益【総務省】
その他	短編映像*	1,154 (340)	1,409 (413)	1,481 (438)	1,582 (461)	1,509 (419)	1,444 (384)	1,415 (329)	1,443 (311)	2,293 (318)	2,012 (283)	2,430 (254)	2,413 (237)	—	自主・広報・産業・博展・その他の売上 ( )内は自主・広報・産業の売上【(社)映像文化制作者連盟】
	博展映像	3,442	4,873	5,501	5,591	4,810	4,218	3,432	3,451	3,487	3,678	3,312	3,310	3,535	「展示・映像ほか」制作費，上映費【(株)電通】
	テレビCM	846 (1,300)	998 (1,432)	1,087 (1,596)	1,192 (1,693)	1,073 (1,667)	968 (1,605)	1,041 (1,639)	1,163 (1,728)	1,292 (1,837)	1,301 (1,883)	1,334 (1,856)	1,332 (1,840)	1,446 (2,013)	CM制作費【(社)日本テレビコマーシャル製作社連盟】( )内は(株)電通発表テレビCM制作費

*の印は年度，印なしは暦年

出典：デジタルコンテンツ協会 [2001]

以上の事実が示すことは，オンライン系とパッケージ系は「あちら立てれば，こちら立たず」という代替関係にあるのではなく，むしろ補完関係にあるということ，ここ10年ほどの日本では，意外にもオンライン系が伸び悩んでいること．などであろう．

13.2.3 ナローバンド市場構造との違い

前項で見たオンライン流通の伸び悩みの背景には，前章で触れた著作権の処理問題など，いくつか解決すべき問題があると思われる．しかし，コンテンツ制作者または保有者の側が，このような変化を察知せず，旧来のナローバンド型の発想に固執しているとすれば，発想の転換が必要かもしれない．

なぜなら，今までのナローバンド＆パッケージ時代は**図13.5**のように業界別に区分されており，その中で各種機能が発展していった．各企業は同一業界の同一機能の他企業を，競合者として捉えていればよかった．

しかし，ブロードバンド時代は，これら業界の垣根が取り払われることで，全業界の同一機能間での水平型競争が始まるとともに，新たな垂直統合が求められるようになり，他業界の企業との連携若しくは競争が激化する．このように，水平型の競争構造と垂直型の競争構造の2面からブロードバンド事業を捉えないと，競争優位は確立できない．

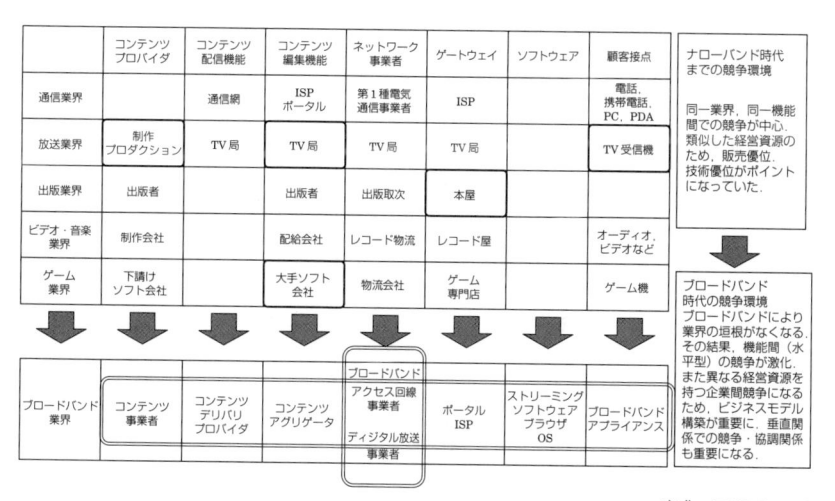

	コンテンツプロバイダ	コンテンツ配信機能	コンテンツ編集機能	ネットワーク事業者	ゲートウェイ	ソフトウェア	顧客接点	ナローバンド時代までの競争環境
通信業界		通信網	ISPポータル	第1種電気通信事業者	ISP		電話，携帯電話，PC，PDA	同一業界，同一機能間での競争が中心．類似した経営資源のため，販売優位，技術優位がポイントになっていた．
放送業界	制作プロダクション	TV局	TV局	TV局	TV局		TV受信機	
出版業界	出版者		出版者	出版取次			本屋	
ビデオ・音楽業界	制作会社		配給会社	レコード物流	レコード屋		オーディオ，ビデオなど	
ゲーム業界	下請けソフト会社		大手ソフト会社	物流会社	ゲーム専門店		ゲーム機	
ブロードバンド業界	コンテンツ事業者	コンテンツデリバリプロバイダ	コンテンツアグリゲータ	ブロードバンドアクセス回線事業者／ディジタル放送事業者	ポータルISP	ストリーミングソフトウェアブラウザOS	ブロードバンドアプライアンス	ブロードバンド時代の競争環境ブロードバンドにより業界の垣根がなくなる．その結果，機能間（水平型）の競争が激化．また異なる経営資源を持つ企業間競争になるため，ビジネスモデル構築が重要に．垂直関係での競争・協調関係も重要になる．

出典：DSE [2001]

図13.5 ナローバンドからブロードバンドの市場構造へ

ディジタルデバイドはリテラシーデバイド？　談話室

　インターネットが急速な伸びを示すようになった90年代前半から，アメリカではその恩恵に与る人とそうでない人との間に「ディジタルデバイド」が生ずることが懸念され，ゴア副大統領（当時）を中心に解消策が検索された．

　アメリカの場合には，懸念の中心は所得格差やマイノリティ格差であり，低所得→教育の低さ→リテラシーの低さ→ディジタルデバイドという図式の打破が検討された．

表13.4　各情報メディアの消費時間と年齢，情報リテラシー指数の相関

	年　齢	情報リテラシー指数
テレビ	△	△
ラジオ	△	ー
新　聞	◎ 加齢ほど増	△
雑　誌	○ 若年ほど増	ー
マンガ	◎ 若年ほど増	
本（小説）	△	△
本（新書）	△	○ 高いほど増
インターネット	△	◎ 高いほど増
パソコン	ー	◎ 高いほど増
音　楽	◎ 若年ほど増	ー
ビデオ	△	△
TVゲーム	○ 若年ほど増	ー
携帯電話	○ 若年ほど増	△

◎：強い相関あり　○：相関あり
△：やや相関あり　ー：ほとんど相関なし

出典：電通・電通総研 [2001]

第13章　ブロードバンド時代へ

　これに対して，日本の場合はどうであろうか．「情報リテラシー指数」を考案して調査している，電通・電通総研［2001］によれば，情報メディアの消費時間と年齢・情報リテラシーの相関は，**表13.4**のようになる．

　各メディアの自宅における接触時間を年齢，情報リテラシー指数を説明変数として多変量解析で調べると，新聞，雑誌，マンガ，音楽，テレビゲーム，携帯電話の利用時間は年齢の影響が強いこと，また書籍（新書など），インターネット，パソコンの利用時間は，情報リテラシー指数の影響を強く受けていることが判明した．

　なお，ここで，調査対象メディアは，123ページの「談話室」と同じである．

　情報リテラシー指数は，マインド要素として，
（1）自己実現欲求，（2）社会的関心性，（3）情報投資，（4）情報収集，（5）情報処理，（6）情報発信の6項目を，スキル要素として，（1）PCスキル，（2）インターネットスキルを取り，前者の14設問，後者の8設問に対する答えを相対評価して，正規分布を得て，それを5区分して使っている．

　この結果は，テレビ・新聞・雑誌など，旧来のマスメディアの関係者には，いささか心外で，ショックかもしれない．というのも，これらのメディアは報道メディアとして一定の地位を得ていると考えられてきたが，その利用状況は情報リテラシーとさほど相関がないからである．もしも，高情報リテラシー層から高い支持を得ていれば，情報リテラシーとの相関はこのような低い水準にとどまることはなかったであろう．

　同レポートは更に，「今や高情報リテラシー層は1日の終わりにインターネットにアクセスしてニュースをリアルタイムに知ることが可能な時代に，社会の木鐸を自認する伝統的な報道メディアはいかなる利用者価値を創造していくべきか，真剣に問い直す必要があるのではなかろうか．そんな根本的な課題をこのデータは抉り出しているのかもしれない」として，ディジタルデバイドは我が国でも，将来の課題ではなく「今そこにある」危険だと指摘している．

> **本章のまとめ**
>
> ① 技術の動向はナローバンドからブロードバンドに向かっているが，ラスト・ワン・マイルと呼ばれるアクセス系のブロードバンド化については課題も多い．
> ② ブロードバンドネットワークが実現すれば，伝送時間とコストが飛躍的に短く，安くなるので，映像コンテンツをはじめ，各種のコンテンツサービスが可能になる．
> ③ しかしそれは同時に，ナローバンド時代とは違った市場構造が出現することを意味し，競争は垂直型・水平型とも激化する．
> ④ 将来の市場の見方については，コンテンツを制作する側と，流通を担う側とで若干の差が見られる．

● 理解度の確認 ●

問 1. ブロードバンドネットワーク，とりわけアクセス系の技術としては，どのようなものがあるか．中でも有力と思われるのはどれか．

問 2. ブロードバンドネットワークは誰がどのような方法で構築するのか．

問 3. ソフトウェアの分野で一般化したレイヤ構造を使って，ブロードバンドビジネスの市場構造を図示し，売上高を入れてみよ．現状ではどの分野の売上が多いか．

問 4. ブロードバンドネットワークが完成したとしたら，あなたの日常生活はどのように変わるか．起床から就寝までの1日を日記風に記述してみよ．

[引用文献一覧] (アルファベット順)

在り方懇談会（新産業社会における電気通信の在り方についての懇談会）（編）[1987]『電気通信は母親産業』ぎょうせい

Daiwa Institute of Research of America, Inc. [1994] US Reseach Monthly, March

データベース振興センター [2001]『データベース白書2001』データベース振興センター

デジタルコンテンツ協会 [2001]『デジタルコンテンツ白書2001』デジタルコンテンツ協会

電子商取引実証推進協議会 [2000]「日本の消費者向け（B to C）電子商取引市場」
http://www.ecom.or.jp/qecom/

電通 [2000]『電通広告年鑑 '00/'01』電通

電通・電通総研 [2001]『生活者・情報利用調査（2000年）報告書』電通・電通総研

電通総研 [2001]『情報メディア白書（2001年版）』電通

DSE [2001]『Broadband Media Industry』DSE戦略マーケティング研究所

福家秀紀 [2000]『情報通信産業の構造と規制緩和』NTT出版

藤竹暁・山本明（編）[1994]『図説日本のマスコミュニケーション（第3版）』日本放送出版協会

萩原雅之 [2000]
http://www.watch.impress.co.jp/internet/www/article/2000/0728/popu.htm

林紘一郎 [1984]『インフォミュニケーションの時代』中央公論社

林紘一郎 [1988]「情報通信の新秩序と市場の拡大」経済政策学会（編）『経済政策学の発展』勁草書房

林紘一郎 [1999]「ディジタル創作権の構想・序説」『メディア・コミュニケーション』慶應義塾大学

林紘一郎 [2000]「地域情報化と経済活性化」宇野重昭・増田祐司（編）『北東アジア地域研究序説』国際書院

林紘一郎［2001］「情報財の流通と権利保護」奥野正寛・池田信夫（編著）『情報化と経済システムの転換』東洋経済新報社
林紘一郎・田川義博［1994］『ユニバーサル・サービス』中央公論社
林雄二郎［1995］『日本の繁栄とは何であったのか？』PHP研究所
広松 毅・大平号声［1990］『情報経済のマクロ分析』東洋経済新報社
インターネットビジネス研究会［2000］『インターネット・ビジネス白書』ソフトバンク・パブリッシング
インターネット協会（監修）［2001］『インターネット白書2001』インプレス
石坂悦男（編）［1987］『マスメディア産業の転換』有斐閣
岩村 充・渡辺 努・新堂精士・長島直樹［2001］「IT革命と時間の稀少性」『Economic Review』富士通総研
JPNIC［2001］ftp://ftp.nic.ad.jp/jpnic/statistics/Allocated_Domains
情報文化総合研究所［2001］『家計情報係数』
http://homepage1.nifty.com/ICIT/data/dic.html
情報通信総合研究所（編）［2001］『情報通信ハンドブック（2001年版）』情報通信総合研究所
経済企画庁経済研究所［1999］『知識・情報集約型経済への移行と日本経済』大蔵省印刷局
経済産業省［2001］『特定サービス産業実態調査』（2000年実施）
http://www.meti.go.jp/statistics/data/h2v2000j.html
小松崎清介［1980］『情報産業』東洋経済新報社
Machlup, Fritz［1967］"The Production and Distribution of Knowledge in the United States" Princeton University Press. 木田 宏・高橋達男（監訳）［1969］『知識産業論』産業能率大学出版会
McLuhan, Marshal［1964］"Understanding Media—The Extension of Man—" McGraw Hill, 後藤和彦・高儀 進（訳）［1967］『人間拡張の原理』竹内書店，栗原 裕・河本伸聖（訳）［1987］『メディア論』みすず書房
民放連［2000］『日本民間放送年鑑2000』コーケン出版
日本電子計算機（株）［2001］『JECCコンピュータノート2001』日本電子計算機（株）

日本経済新聞社［2001］『日経会社情報2001-III 夏』日本経済新聞社
日本電子機械工業会［1998］『電子工業50年史』日本電子機械工業会
日本情報処理開発協会［2001］『情報化白書2001』コンピュータ・エージ社
NTT［1998］『ディジタル化の歩み：1978-1997』日本電信電話（株）
NTT［2001a］NTTグループ3ヶ年経営計画（2001〜2003年度）
http://www.ntt.co.jp/ir/pdf/presen/presen_0104.pdf
NTT［2001b］平成12年度（第16期）連結決算概要
http://www.ntt.co.jp/news/news01/0105/010517.html
Porato, Marc Uri［1977］"The Information Economy" 小松崎清介（監訳）
［1982］『情報経済入門』コンピュータ・エージ社
総務省［2001a］『情報通信白書（2001年版）』ぎょうせい
http://www.soumu.go.jp/hakusyo/tsushin/index.html
総務省［2001b］『情報通信統計データベース』
http://www.johotsusintokei.soumu.go.jp/
将来像研究会（電気通信システムの将来像研究会）（編）［1983］『21世紀の電気通信』日本経済新聞社
谷口洋志［2000］『米国の電子商取引政策』創成社
TeleGeography Inc.［1999］"TeleGeography 2000" TeleGeography Inc.
植草 益［2001］『産業融合』岩波書店
梅棹忠夫［1963］「情報産業論—きたるべき外胚葉産業時代の夜明け」『放送朝日』1963年1月号
梅棹忠夫［1988］『情報の文明学』中央公論社
湯川朋彦・石丸康宏［2000］「情報化のマクロ経済分析」
http://www.dihs.dentsu.co.jp/japanese/research/im/im4.html
郵政研究所［1998］『徹底研究メディアソフト』クリエイト・クルーズ
郵政省［2000a］『通信白書（2000年版）』ぎょうせい
郵政省［2000b］『通信産業実態調査』
http://www.johotsusintokei.soumu.go.jp/
鷲崎早雄［2001］『情報産業と非情報産業の相互連関に関する研究』学位論文，東京大学大学院工学系研究科（先端学際工学）

索　　　引

あ

委託放送事業者 …………… 151
移動通信 …………………… 28
インターネット …………… 56
インターネットサービス
　プロバイダ：ISP ………… 63
インターネット放送 ……… 66
イントラネット …………… 119
インフォミュニケーション … 144

衛星インターネット ……… 102
衛星関連事業 ……………… 83
映像コンテンツ …………… 168
NHK ………………………… 76
NTTコミュニケーションズ … 30
NTTデータ ………………… 30
NTTドコモ ………………… 30
NTT西 ……………………… 30
NTT東 ……………………… 30

お布施の理論 ……………… 6
オフライン ………………… 105
オンライン ………………… 105

か

家計支出 …………………… 122
家庭電化 …………………… 74
カラーテレビ ……………… 117

キー局 ……………………… 77
基本料 ……………………… 47
教　育 ……………………… 86
携帯電話 …………………… 28
KDD ………………………… 34

広告収入メディア ………… 70
広告費 ……………………… 72
高速インターネットアクセス網
　…………………………… 158
高度情報化社会論 ………… 114
国際バックボーン ………… 63
国民生活時間調査 ………… 125
固定通信 …………………… 28
娯　楽 ……………………… 86
コンデュイト ……………… 146
コンデュイト規制 ………… 147
コンテンツ ………………… 146
コンテンツ規制 …………… 147

さ

再送信 ……………………… 104
サービス別収支 …………… 43

産業融合 …………………… 143
3種の神器 …………………… 74

閾値（Critical Mass：CM）…… 57
自社制作番組 ………………… 89
自主放送 ……………………… 98
視聴率 ………………………… 91
社会生活基本調査 …………… 127
受託放送事業者 ……………… 151
情報化社会論 …………… 6, 114
情報関連支出 ………………… 120
情報サービス事業 …………… 105
情報産業 …………………… 1, 7
情報消費率 …………………… 128
情報通信産業 ………………… 8
情報通信白書 ………………… 60
情報の流通 …………………… 106
情報ハイウェイ ……………… 67
情報リテラシー ……………… 167
新規参入者（New Common
　Carriers：NCCs）…………… 30

生活の情報化指標 …………… 113
選択可能情報量 ……………… 129

た

第1次情報部門 ………………… 2
第1種電気通信事業者 ………… 33
第2次情報部門 ………………… 2
第2種電気通信事業者 ………… 33
大規模施設 …………………… 95
タテ割り ……………………… 143

知識産業 ……………………… 2
地上波テレビ ………………… 83

地上放送ディジタル化計画 …… 137
地方局 ………………………… 77
超高速インターネットアクセス網
　……………………………… 158
著作権 ………………………… 154
著作権者 ……………………… 154
著作隣接権者 ………………… 154

通信衛星 ……………………… 151
通信と放送の融合 …………… 143
通信トラヒック ……………… 49
通話料 ………………………… 47

ディジタル化 ………………… 143
ディジタル化の波 …………… 70
ディジタルデバイド ………… 166
テレビ ………………………… 117
電気通信事業者 ……………… 34
電子情報通信産業 ……… 1, 11
電子政府 ……………………… 113

東経110度衛星 ……………… 136
特定サービス産業実態調査 … 107

な

内外価格差 …………………… 48
ナローバンド ………………… 165

2次利用 ……………………… 140
日本電信電話（株）………… 30
日本標準産業分類 …………… 23

ネオダマ ……………………… 106
ネットワーク ………………… 77

は

パソコン	117
パッケージ系	165
ハードとソフトの分離	151
番組購入費	98
番組制作	89
番組制作費	98
表現の自由	155
ファクシミリ	117
プッシュホン	118
ブロードバンド	157
放送衛星	151
放送サービス	83
放送事業	75
報　道	86

ま

マクルーハン	81
マスコミュニケーション	70
マスメディア産業	70
マルチメディア化	131
マルチユース	140
民　放	76
メディア接触時間	126
メディア論	81

や

有料メディア	70
ユニバーサルサービス	43
ヨコ割り	143

ら

リバランシング	45

わ

ワンソース・マルチユース	140

A

ARPANET（Advanced Research Project Agency-NET） ……… 56

B

BSディジタル放送	136
BS放送	100
B to B	111
B to C	111

C

CATV	83, 103
CM出稿料	89
CS放送	101

D

DSL	66

E

e-commerce	56
e-Japan計画	157
e-marketplace	111

F

FTTC（Fiber-To-The-Curb）	160
FTTH	67

FWA ································ 67

G

GII (Global Information
　Infrastructure) ················ 67

I

ISDN ································ 52
IT革命 ····························· 131
IT (Information Technology)
　産業 ······························· 26
IX (Intenet Exchange) ·········· 64

L

LAN ································ 119

M

MSO ································ 104

N

NII (National Information
　Infrastructure) ················ 67

P

PHS ································· 45

V

VAN (Value Added Network)
　····································· 16

W

WWW (World Wide Web) ········ 56

―― 著者略歴 ――

林　紘一郎（はやし　こういちろう）

1963年東京大学法学部卒業．同年旧電電公社に入社．1985年の民営化後は，専用サービス推進部長，NTTアメリカ社長などを経て，1996年退社．この間，一橋大学（商学部），早稲田大学（理工学部），東京大学（教養学部，経済学部），などの非常勤講師を歴任．現在は，慶應義塾大学メディア・コミュニケーション研究所教授．国際大学グローバル・コミュニケーション・センター特別研究員．

著書に『ネットワーキングの経済学』（NTT出版，1989，経済学博士号取得），『ユニバーサル・サービス』（共著；中公新書，1994），『IT2001 なにが問題か』（共監修；岩波書店，2000）など．

電子情報通信産業 ―データからトレンドを探る―
Information and Communications Industry

平成 14 年 4 月 10 日　初版第 1 刷発行	
編　者	㈳電子情報通信学会
発行者	家　田　信　明
印刷者	山　岡　景　仁
印刷所	三美印刷株式会社
	〒116-0013　東京都荒川区西日暮里5-9-8
制　作	株式会社 エヌ・ピー・エス
	〒111-0051　東京都台東区蔵前2-5-4北条ビル

© 社団法人　電子情報通信学会　2002

発行所　社団法人　電子情報通信学会
〒105-0011　東京都港区芝公園3丁目5番8号（機械振興会館内）
電話　(03)3433-6691（代）　振替口座　00120-0-35300
ホームページ　http://www.ieice.org/

取次販売所　株式会社　コロナ社
〒112-0011　東京都文京区千石4丁目46-10
電話　(03)3941-3131（代）　振替口座　00140-8-14844
ホームページ　http://www.coronasha.co.jp

ISBN 4-88552-186-6　　　　Printed in Japan